唐山学院学术著作出版资助经费资助出版

MEMS 电子元器件非线性动力学

李高峰　杨志安　著

中国建材工业出版社

图书在版编目（CIP）数据

MEMS 电子元器件非线性动力学/李高峰，杨志安著
. --北京：中国建材工业出版社，2019.9
ISBN 978-7-5160-2612-0

Ⅰ.①M… Ⅱ.①李… ②杨… Ⅲ.①电子元器件—非线性力学—动力学 Ⅳ.①TN6

中国版本图书馆 CIP 数据核字（2019）第 155449 号

内容提要

将非线性动力学理论应用于 MEMS 系统，为工程应用提供理论依据，是作者研究课题和出版本书的初衷所在。作者结合多年研究成果，以阐述电子元器件的非线性动力学的基本概念和研究方法为主，从非线性电路入手，在非线性电容 RLC 串联电路的非线性动力学、RLC 电路与弹簧耦合系统的非线性动力学、RLC 电路与微梁耦合系统的非线性动力学等方面介绍了 MEMS 动力学的发展及应用。

本书可作为机械及电子相关专业本科生、研究生的教材，也可供有关技术人员参考。

MEMS 电子元器件非线性动力学

MEMS Dianzi Yuanqijian Feixianxing Donglixue

李高峰 杨志安 著

出版发行：中国建材工业出版社
地　　址：北京市海淀区三里河路 1 号
邮　　编：100044
经　　销：全国各地新华书店
印　　刷：北京鑫正大印刷有限公司
开　　本：787mm×1092mm 1/16
印　　张：7
字　　数：215 千字
版　　次：2019 年 9 月第 1 版
印　　次：2019 年 9 月第 1 次
定　　价：38.00 元

本社网址：www.jccbs.com，微信公众号：zgjcgycbs
请选用正版图书，采购、销售盗版图书属违法行为

前　　言

MEMS 技术是 21 世纪高科技市场影响未来世界的、关系到国家科技发展及国防安全和经济繁荣的关键技术，是新的高技术产业生长点，是一场新的产业革命，它将会对所有的科技领域产生冲击和影响。MEMS 器件随着尺寸减小、精度提高、性能的不断改善，面临着各种需要解决的力学问题。对于各类微谐振器、微陀螺仪等，深入研究其在复杂环境下非线性振动行为以及各种动力学耦合机制，有助于 MEMS 器件的优化设计和应用拓宽。MEMS 技术是人类科技发展过程中的一次重大技术整合，能够完成真正意义上的微小型系统集成，极大地改善人类生存方式与生活质量，也将会带动一个充满活力的产业迅速成长。

MEMS 一般是指特征尺寸介于微米与毫米之间，集微型传感器、执行器以及信号处理、控制和驱动电路于一体的，自动性能高的机电耦合微型机械装置，它的学科基础涉及现代光学、微电子学、力学、热学、声学、磁学、自动控制、仿生学、材料科学、化学等领域。MEMS 技术是一门多学科深度交叉融合的综合技术。MEMS 动力学特性，尤其是其振动特性、非线性动力学特性、动力学设计与控制、动态测试与实验及可靠性等方面的研究尤为重要。非线性科学是研究世界的本质复杂现象的一门新科学。无线电技术促使了非线性振动理论的诞生。从实际问题中建立起来的动力学模型一般是非线性的，由于非线性因素，当系统的控制参数受干扰发生变化时，系统将产生丰富且复杂的动力学行为。

本书是作者多年科研成果的总结，以阐述电子元器件的非线性动力学的基本概念和研究方法为主，从非线性电路入手，在非线性电容 RLC 串联电路的非线性动力学、RLC 电路与弹簧耦合系统的非线性动力学、RLC 电路与微梁耦合系统的非线性动力学等方面介绍了 MEMS 动力学的发展及应用。将非线性动力学理论应用于 MEMS 系统，为工程应用提供理论依据，是作者研究课题和出版本书的初衷所在。

本书分为 5 章，采用递进式论述。第 1 章绪论是基础准备部分，简要介绍了非线性动力学和 MEMS 的研究简史、MEMS 研究进展和机电耦联动力学。第 2 章是非线性电路基本理论，也是 MEMS 电子元器件的基础部分，通过介绍非线性电阻、非线性电容和非线性电感、非线性电路方程，对 MEMS 系统知识进行了梳理，也对 MEMS 电子元器件非线性动力学研究的必要性进行了阐述。第 3 章是非线性电容 RLC 串联电路的动力学，首先从电容式位移传感器入手，以此推导出具有一般意义的线性电容 RLC 串联电路模型，对其主共振、亚谐共振和超谐共振的非线性动力学进行研究。第 4 章是 RLC 电路与弹簧耦合系统的非线性动力学，从线性电感系统的非线性耦合电路、非线性电感单自由度系统动力学和非线性电感双自由度系统动力学三个方面进行了研究。第 5 章是 RLC 电路与微梁耦合系统的非线性动力学研究，从 RLC 电路与微梁耦合系统的建模、分析主共振和 1/3 次亚谐共振的动力学进行了研究。

本书在编写过程中得到了唐山学院相关部门领导及同人的大力支持。同时，也借鉴了国内外众多专家相关领域学术研究成果。本书的出版得到了河北省自然科学基金项目（A200900097）、河北省高等学校科学技术研究项目（ZD2017307）、唐山市科技计划项目（15130262a）的资助，本书同时也是项目研究内容的一部分。另外，在本书的出版过程中，得到了出版社编辑的关心和支持，在此一并向他们表示衷心的感谢。

由于编者学识能力所限，本书不足之处在所难免，恳请读者不吝赐教和批评指正。

李高峰

2019 年 8 月

目　　录

第1章　绪　　论

微型机械电力系统（Micro-Electro-Mechanical Systems，MEMS，简称微机电系统）技术是21世纪发展的具有革命性的高新技术，在航空航天、精密仪器、生物技术、人工智能等领域有着广泛的应用，是国家中长期科学和技术发展规划纲要明确指出的重要发展方向。随着器件尺寸减小、精度提高、性能的不断改善，MEMS面临着各种需要解决的力学问题。对于各类微谐振器、微陀螺仪等，深入研究其在复杂环境下非线性振动行为以及各种动力学耦合机制有助于MEMS器件的优化设计和应用拓宽。

非线性科学是研究世界本质复杂现象的一门新科学。无线电技术促使非线性振动理论诞生。从实际问题中建立起来的动力学模型一般是非线性的，由于非线性因素，当系统的控制参数受干扰发生变化时，系统将产生丰富且复杂的动力学行为。

1.1　非线性动力学

非线性动力学是研究非线性动态系统各类运动状态的定性和定量变化规律，尤其是系统的长时间运动模式演化行为中的复杂性的科学（陈立群，《非线性动力学》）。一个动力系统，若其基本力学量的运动由非线性方程描述，则称作非线性动力学系统。工程、物理、化学、生物、电磁，甚至天体、地质动力系统随时间而变化，可用非线性方程（包括常微、偏微、代数等方程）来描述，称为非线性动力系统。动力系统理论起源于19世纪末对动力学行为中常微分方程的定性研究。到了20世纪60年代，随着微分几何和微分拓扑理论的发展，动力系统理论取得了重大的进展，在物理、化学、生态学、经济学、控制理论、数值计算等各个领域都得到广泛的应用，成为当代最活跃的数学分支之一。非线性动力学形成新的分支学科，涉及多个学科（应用数学、一般力学、物理学等）的交叉。

非线性动力学问题的研究具有深刻的理论意义。在混沌现象广为人知以前，对自然界的描述分成随机性和确定性截然不同的两类。确定性系统具有决定论的性质。非线性动力学的研究导致了一种新的实验方式（即数值实验）的产生和广泛应用。非线性动力学的研究也促进了数学、物理学、力学中相关学科的发展，在工程技术、生物医学和社会科学中也有广阔的应用前景。

非线性动力系统的行为，揭示非线性对系统动力学行为的影响。非线性现象具有内在规律，掌握这些规律就有可能利用非线性现象创造出线性动力系统所不具备的功能。例如，自激振动原理已被广泛应用于振荡电路，多解现象被用来对系统状态进行切换，混沌现象被用来进行保密通信、提高振动机械的工作效率等。

非线性动力学问题的求解一般非常困难，只有极个别的简单问题有精确解。由于线性系统的叠加原理不适用于非线性系统，这些简单问题的解无法叠加组成复杂问题的解。研究非线性动力学问题的第一步是通过力学理论或实验建立研究对象的数学模型。在现有的非线性振动教科书和专著中，通常不涉及理论建模，而将其归于理论力学、材料力学、分析力学等前期课程或多体动力学、非线性弹性理论等专门课程。解析方法是一种定量方法。研究方法常用的是谐波平衡法、摄动法、平均法、渐近法和多尺度法等近似解析方法。拓扑方法是一种定性方法，从几何观点描述系统的动力学行为。解析方法和拓扑方法可以互相补充，拓扑方法可以得到动态系统大范围的结果，定量方法可以对一个确定的小范围给出定量结果。

工程系统中广泛存在非线性力（如电场力、磁场力、万有引力等）、运动学非线性（如法向加速度、哥氏加速度等）、几何非线性（如非线性本构关系等）、材料非线性和弹性大变形等。工程实际问题在建立数学模型时应该为非线性系统。当非线性因素较强时，用线性化或等效线性化理论得出的结果无法解释实际现象。早在1940年，《工程师们和非线性问题打交道》一书中就强调了非线性问题在工程中的重要性。

非线性动力学在工程中的重要性主要体现在以下几个方面：

（1）非线性动力学表明简单的数学模型可能产生复杂的动力学行为，可应用于时间序列的非线性建模、预测以及控制。

（2）非线性动力学揭示了不规则的噪声信号可能产生于低阶的确定性非线性系统，为噪声的抑制提供了新的思路。

（3）非线性动力学对于系统全局和长期性态的分析结果，可用于数值仿真结果可靠性的研究。

（4）非线性动力学为实验研究提供了新的概念和方法，在传统的频谱分析之外可以测量、确定、识别混沌运动的一些特征。

数值工程中的非线性动力学问题虽千差万别，解决的途径却往往具有共同性。其共同的前提是建立系统的数学模型。非线性动力学作为一般力学的分支学科，重点讨论系统模型的分析。在工程系统的数学模型的基础上，可以对非线性系统进行分析、仿真、优化和控制。

实际工程的动力系统总含有各种各样的非线性因素，例如机械系统中的间隙、干摩擦、轴承油膜，结构系统的大变形、非线性材料本构关系，控制系统的非线性控制策略等。线性系统只是真实动力系统的一种简化模型，只能逼近真实系统动力学行为，被忽略的非线性因素有时会在分析和计算中引起无法接受的误差。特别对于系统的长时间历程动力学问题，即使略去很微弱的非线性因素，也常常会在分析和计算中出现本质性的错误。为了说明这一观点，我们列举若干种依靠线性系统理论无法解释的动力学现象。

例如，无阻尼单摆的微振动可以由单自由度线性系统来描述，其自由振动频率与摆的初始状态无关。但随着初始摆角增大，摆的自由振动将呈现非线性，自由振动频率会随着初始摆角的增加而降低。

许多未受外激励的非线性系统会发生所谓自激振动。其典型表现是：如果对处于平衡位置的系统给予一极小的扰动，系统会偏离平衡位置而发生幅值越来越大的振动，但当振动幅值大到一定程度后便趋于某一定值，形成周期振动，其振幅和周期均与系统初始状态无关。产生自激振动的原因在于这类系统具有不容忽略的非线性阻尼。

在简谐激励下，线性阻尼系统的稳态响应是唯一的、与激励频率相同的简谐振动。然而，受简谐激励的非线性系统会发生多频振动现象和多解现象。即系统的稳态振动具有周期性，但具有与简谐激励不同的频率，其傅里叶（Fourier）频谱呈现多个峰；系统存在多种可能的稳态振动，不同的初始状态会导致不同的稳态振动。

1.2　机电耦联动力学

机电耦合系统广泛存在于生产实际，机电耦合系统动力学是研究机械、力学、电路、电场、磁场耦合系统动力学规律的交叉学科。研究动力学问题，建立研究对象的运动方程至关重要。机电耦合系统动力学就是要用数学、力学、电路、电磁场等理论建立系统的力学模型和数学模型，即建立反映力学模型与系统作用特征的动力学方程。一般来说，确定机电耦合动力系统运动方程的方法有两种：一种是从力学和电磁学等学科的基本规律出发，列出系统的运动方程；另一种是利用变分原理，通过拉格朗日能量泛函的极值条件，利用分析力学方法或哈米尔顿变分原理，来确定系统的运动方程。

机电动力学是将力学与电磁学结合起来，研究运动物体在电磁场中发生相互作用的规律，其涉及电机动力学、磁弹性动力学、磁流体动力学、等离子体动力学、生物系统机电学等多个学科领域。机电耦联动力系统是由电机及其他机械和电力系统相互耦合的复杂系统，涉及多个学科的基础领域，包括力学（指一般力学、连续力学、振动理论等）、电学（包括电磁场理论、电机理论、电路等）以及它们形成的交叉学科。机电耦联动力系统在国民经济的发展中占有重要的地位，影响广泛的工农业生产和科学技术领域。交通工具的发展，推动了高能电动车、电气机车及高速磁悬浮列车的研制发展。磁悬浮列车利用强大的电磁力悬浮车体载重并利用直线电机驱动列车前进，配置一套控制磁浮力、拖动力及气隙大小等项目的控制系统，形成一个机电耦联动力系统。机电耦联动力学的研究对经济发展和社会进步具有重要的意义。

任何机电装置都是由电系统、机械系统和联系两者的电磁场组成的。要研究各种不同形式激励时机电系统的动力学行为，必须首先建立系统的运动方程。MEMS 系统是机电耦合系统，在研究 MEMS 系统动力学行为时，需要建立电路系统与执行器件的运动方程。微电子机械系统中的传感器涉及的悬臂梁、简支梁等结构，常简化为 RLC 串联电路与梁耦合系统。微电子机械系统建模时只考虑电场力与结构变形的简单耦合，忽略了电子元件与结构的耦合，模型仅适用于纯电路系统，也就是 RLC 串联电路的动力学。电路中实际存在电阻与电感，在考虑了系统的电场力、阻尼力和惯性力之后，微梁和固定电极共同构成了电容器，此时系统应存在两个广义位移，除了微梁的横向位移还有电路中的电量或电流，即在电场力的作用下结构发生变形，结构的变形又导致电场力的改变，从而形成了机电耦合问题。

1.3　MEMS 非线性动力学

MEMS 是在 20 世纪 80 年代后期随着半导体集成电路微细加工技术和超精密机械

加工技术的发展而在国际上兴起的一项高端技术。目前普遍接受的关于MEMS的定义为：由微米和纳米加工技术制作而成的，融合机械、电子、光、磁以及其他相关技术群为一体的、可以活动和控制的微工程系统。MEMS是由多学科综合而成的科学，包括机械科学、微电子学，还涉及现代光学、气动力学、流体力学、热力学、声学、磁学、仿生学及材料科学等诸多学科领域。MEMS中存在着多种非线性因素，比如微机械元件的变形与其自身尺度的比值大所导致的几何非线性，所用特殊材料的非线性、静电力的非线性以及挤压气隙阻力的非线性等。MEMS具有丰富的动力学特性，尤其是在振动特性、非线性动力学特性、动力学设计与控制、动态测试与实验及可靠性等。

MEMS的发展可追溯到1947年12月16日，美国新泽西州3位科学家——威廉·肖克利（William Shockley）、约翰·巴顿（John Bardeen）和沃特·布拉顿（Walter Brattain）成功地在贝尔实验室制造出第一个晶体管。1959年，诺贝尔物理学奖获得者Feynman教授，参加了美国物理学会年会。会议中，Feynman教授在加州理工学院发表了极具划时代意义的主题演讲*There's Plenty of Room at the Bottom*，报告中首次提出了微型机械的设想。当时Feynman教授已经预见到MEMS所隐藏的巨大发展潜力。1967年Nathanson等人研制了首台可批量生产的MEMS装置谐振栅晶体管。1983年Feynman教授在帕萨迪纳喷气推进实验室做了题为*infinitesimal machinery*的报告，成功预言了微机电技术发展过程中的多种核心技术以及涉及的重要研究课题。1987年，美国举行了IEEE机器人与自动化研讨会，会议的主题报告*Small machines*，*Large opportunities*中首次提出了MEMS一词，标志着MEMS研究的正式开始。1988年5月27日，美国加州大学伯克利分校的科研人员启动了一个直径约为120μm的静电微电动机，并在显微镜下观察了其转动过程，标志着MEMS时代的到来。自20世纪90年代起，MEMS的研究与应用进入一个突飞猛进、日新月异的发展阶段，世界各国的科技界、教育界以及政府对MEMS的研究都给予了极大的关注与支持。进入21世纪，随着微集成制造业水平的不断提高，MEMS在航空航天、精密仪器、汽车工业、生物医学、环境保护、工厂维修、信息通信、交通运输、生物技术、国防军事、通信、医学研究等诸多领域均展现出十分广阔的应用前景。

直观地讲，MEMS一般是指特征尺寸介于微米与毫米，集微型传感器、执行器以及信号处理、控制和驱动电路于一体的、自动性能高的机电耦合微型机械装置，它的学科基础涉及现代光学、微电子学、力学、热学、声学、磁学、自动控制、仿生学、材料科学、化学等领域，是一门多学科深度交叉、融合的综合技术。MEMS器件具有体积小、质量轻、功耗低、响应快、智能化、可大批生产等优点，大力发展MEMS技术是实现低能耗、高功效、低成本生产的重要技术途径。MEMS在生物医药、军事、航空航天、汽车电子等各种人工智能领域显示了重要的应用前景。例如研制智能药物胶囊、发展微创手术技术、设计微型飞行器、发展各种高性能传感器等。

然而，MEMS器件所具有的微小型化、智能化、微电子集成及高精度的批量制造等特性，也向材料、机械、微电子等工程技术学科以及力学、物理学等基础学科提出了更高的挑战，迫使人们不断研究各学科所面临的微观问题以及学科间的知识交叉问题。微小型系统集成在芯片上实现了力、热、磁、化学到电的转变。

MEMS器件研发、加工、封装、工作阶段都涉及大量的力学知识，随着尺寸的不断缩减、各种新型材料的使用、加工封装工艺的不断提高、对系统灵敏度和稳定性要求的不断提高，MEMS面临着各种需要解决的力学问题。MEMS加工技术包括表面微加工技术（薄膜生成技术和牺牲层技术）、体形微加工技术（化学腐蚀和离子刻蚀）、LIGA技术和SLIGA技术（光刻、电铸及注塑）、特种精密机械加工技术、固相键合技术。特种精密机械加工技术有电火花加工、激光加工和光造型加工。固相键合技术有阳极键合、Si—Si直接键合、玻璃封接键合和冷压焊键合等。

研究结果表明，MEMS中存在明显的由于结构的大位移、材料非线性、阻尼非线性、尺度效应、材料蠕变、多物理场耦合、结构模态耦合、环境噪声干扰等因素所导致的复杂非线性特性，需要应用非线性理论予以分析和研究。其中建立多物理场耦合下的动力学模型，分析各个物理场和结构模态之间能量转移耗散机制，提供合理的参数设计增强系统稳定性和提高品质因子成为研究的当务之急，其能够更加清晰地解释内部工作机理，并在很大程度上改善MEMS器件的工作性能。因此，开展MEMS的非线性静动力学研究具有重要的理论和工程价值。

MEMS非线性动力学问题包括宏观非线性（材料特性、几何特性等）、微观非线性（微摩擦、微动磨损、黏附等）、固有非线性（初始应力、大位移、热传输效应等）、机械非线性（表面接触、大变形、非线性阻尼等）、多能域耦合非线性（电、磁、热、光、化学等）。

国家“十三五”研究规划指出，优先发展高维系统的非线性动力学理论、方法和实验技术，重点解决含非线性、非光滑性、时滞和不确定性等因素的高维约束系统的动力学建模、分析与控制，及学科交叉中的新概念和新理论。同时《国家中长期科学和技术发展规划纲要（2006—2020年）》中明确指出：将微系统动力学列为面向国家重大战略需求的基础研究之一。MEMS动力学涉及复杂高维耦合非线性动力学的建模、分析和控制，研究多物理场耦合下的MEMS动力学和控制符合国家重大需求和力学发展规划，同时能够很好地解决MEMS工程实际中遇到的力学问题。MEMS技术是21世纪高科技市场影响未来世界的、关系到国家科技发展及国防安全和经济繁荣的关键技术，是新的高技术产业生长点，是一场新的产业革命，它将会对所有的科技领域产生冲击和影响。MEMS技术不仅在生物、医学、环保、宇航、农业、汽车工业和军事等诸多领域具有潜在的广阔市场和应用前景，而且向基础研究领域提出了巨大的挑战。MEMS是人类科技发展过程中的一次重大技术整合，能够完成真正意义上的微小型系统集成，极大地改善了人类生存方式与生活质量，也将会带动一个充满活力的产业迅速成长。

1.4　电子元器件的非线性动力学

电子元器件是构成电子产品的基础，一般分为有源器件和无源器件两大类。通常称有源器件为“器件”，称无源器件为“元件”。器件工作时，需输入信号，还必须有专门的电源。它在电路中的作用主要是能量转换，如晶体管、集成电路等。元件工作时，不需要专门的附加电源，如电阻、电容、电感和接插件。电阻器是典型的耗能元件；电容器、电感器则属于储能元件。而开关、接插件属于结构元件。

电子元器件是电子元件和电子小型的机器、仪器的组成部分，其本身常由若干零件构成，可以在同类产品中通用；常指电器、无线电、仪表等工业的某些零件，如电容、晶体管、游丝、发条等子器件，常见的有二极管等。电子元器件包括电阻、电容器、电位器、电子管、散热器、机电元件、连接器、半导体分立器件、电声器件、激光器件、电子显示器件、光电器件、传感器、微特电机、电子变压器、继电器、印制电路板、集成电路、压电、晶体、石英等。

随着电子技术的发展，越来越多的电、磁、机械耦合系统大量涌现，这种类型的机电耦合系统必然存在着丰富的动力学现象，对其进行深入地研究，掌握系统中电路子系统和机械子系统的动力学规律，可以提高设备运转的稳定性及安全性。电子电路广泛用于通信系统和各种电子设备中。任何电路元件都是非线性的，因为元件在大电压或大电流下工作时都将呈现非线性性质，这使得所有的电路都具有非线性，比如电气设备中的变压器线圈、发电机励磁；电子控制技术中的整流、解调等电路；电子器件中高度非线性的逻辑电路等。在一定的条件下，非线性电路可能发生某种线性电路在原理上根本不可能发生的物理现象，其中包括自激振荡、分谐波振荡、自调制、触发现象、取决于初始条件的趋稳过程等。

从20世纪80年代开始到现在，学者均对RLC电路进行了持续深入地研究。非线性电抗，如变容二极管，在许多领域的电气工程已经广泛使用。在设计参数放大器、上频器、混音器、低功率微波振荡器、电子调谐装置等电路时，非线性电容可作为其中的一部分。含有非线性元件的电路是非线性电路。元件性质（R的伏安特性、L的韦安特性、C的库伏特性）不再是线性关系，即参数不再是常量的元件成为非线性元件。非线性元件电路是指由非线性元件构成的电路，如线圈、电容等构成的LR、CR、LC、LCR电路等，这些可构成微分电路或积分电路，这就是非线性电路。非线性电路有电气设备中的变压器线圈、电子管振荡器、电子控制技术中的整流、解调、铁磁谐振电路等。电工中常利用某些元器件的非线性，例如避雷器的非线性特性表现在高电压下电阻值变小，这种性质被用来保护雷电环境下的电工设备；铁心线圈的非线性由磁场的磁饱和引起，这种性质被用来制造电流互感器。音频信号发生器的自激振荡电路中因有放大器这一非线性元件而成为非线性电路。

国内外学者对RLC（Resistance Inductance Capacitance）电路的非线性特性进行了一系列的研究。詹士昌用普通钨丝灯泡、变压器线圈和电容组成的非线性RLC串联铁磁谐振电路，演示非线性系统常见的单稳态、双稳态、状态的自动跳变（闪灭）等各种现象。这类现象的发生是两种非线性元件（铁心线圈、灯丝）与线性电容器联合作用的结果。王小艳用数值方法对非线性RLC串并联电路的暂态过程进行了分析研究，得到了非线性RLC电路的一些普遍特征。黄偲给出了一类非线性RLC电路的新解法及数值仿真，从而算出电路的相轨线、时程曲线、相程曲线、时幅曲线、相幅曲线、幅频曲线、相频曲线和响应周期。数值仿真显示，结果与数值积分法吻合良好。丁光涛利用Lagrange力学逆问题理论和方法，构造了电感、电容和电阻三种耦合RLC电路的Lagrange函数和Hamilton函数。郭晓莹在电容耦合RLC电路中，通过改变外部信号源的频率，测量了传输到第一个 RLC 回路的功率随信号频率的变化关系。潘杰对 RLC 并联谐振电路进行了理论研究。杨志安等研究了电阻和电感非线性 RLC 电路耦合系统和 RLC 串联电路与微梁耦合系统的非线性振动，应用拉格朗日—麦克斯韦方程建立系统的数学模型，根据非线性振动的多尺度法，得到系统满足共振条件的一次近似解以及对应的定常解。崔一辉等应用拉格朗日—麦克斯韦方程建立起一个受到简谐激励的 RLC 电路弹簧耦合系统的数学模型，分别用龙格库塔法和级数法计算了在无外激励的情况下，有阻尼和无阻尼时系统分别对应的时间响应。邹海勇利用 MATLAB 设计了基于 Simulink 的 RLC 电路分析与仿真方法，展示了动态仿真结果。常秀芳等从实际问题入手，依据闭合电路定律，建立起 RLC 振荡电路的数学模型。Blankenstein G. 利用混合势函数描述考虑不受约束的控制电压或电流源非线性 RLC 电路动力学问题。Chakravarthy S. K. 研究电路是否产生共振与系统的参数有关。Oksasoglu A. 等研究在弱非线性激励下，适当的系统参数能使系统产生混沌现象。Homsup N. 等利用 Newton-Raphson分析，在无约束条件下，Brayton-Morses's 混合电动势存在非线性方程解法。Nana B. 等研究了铁磁磁芯电感器件的非线性，分析了在由交流电源强迫的 RLC 串联电路中电流的解析表达式。国外学者还对非线性 RLC 电路动力学问题和系统产生混沌现象的条件等进行了研究。

电容传感器是近年来发展最快的用以测量微位移的方法之一，传统的电容式位移传感器是一对互相绝缘的极板：一个极板固定；另一个极板安装在被测物体表面或就是被测物本身。前一种情况，当物体和电极一起移动时，两电极间距发生变化，导致传感器等效电容发生变化；后一种情况，当物体移向传感器时，物体和传感器间介电常数发生变化，等效电容随着变化。传感器是一种典型的机电耦合系统，存在着丰富的动力学现象，对其进行深入的研究，掌握系统中电路子系统和机械子系统的动力学规律，可以提高设备运转的稳定性及安全性。电容传感器可由一个 RLC 电路耦合系统动力学模型描述，电路系统与弹簧、阻尼器组成的机械系统相互耦合，并施加简谐外激励，考虑系统的动能、磁能，弹簧的势能和电容器的电能，建立起系统运动微分方程。运用非线性振动理论对该系统模型进行动力学分析，理清系统中各参数之间的相互关系，寻找振动的控制策略。谐振梁是传感器的敏感元件，谐振梁的振动特性对传感器的性能至关重要。谐振式传感器被测参量的改变表现为谐振梁固有频率的改变，可以由敏感元件谐振梁的机电耦合模型描述。微传感器系统具有丰富的动力学现象，掌握电路系统中丰富的非线性特征，为传感器本身的研制提供参考依据。因此本项目以应用电场能、磁场能以及机械能建立传感器敏感元器件的机电耦联系统振动方程为研究对象，应用非线性振动的理论及现代分析方法来求解方程，研究系统参数对传感器非线性振动特性的影响，提出一种传感器的动态参数设计方案，所得结论为传感器研制中的安全性、可靠性及敏感度设计提供参考，可进行结构优化。

传感器广泛应用于航空、兵器工业和民用工业。在飞机的设计制造中，常采用传感器对一些重要部件进行振动测试。在民用工业方面，对于各种大型电机、空气压缩机、机床、车辆、轨枕振动台、化工设备以及各种水管道、气管道、桥梁楼房等的振动监测或振动研究都广泛使用传感器。

电容式传声器以及电枢控制、电动机拖动等机电耦联系统可由一个 RLC 电路、弹簧耦合系统的多自由度动力学模型描述。如电路中电容器的极板在电场力的作用下会产生振动，研究了电容器和弹簧串联时极板的振动，可以证明极板的振动是非线性的。RLC 电路系统具有丰富的动力学现象，掌握电路系统中丰富的非线性特征，可以为电子元器件本身的研制提供参考依据。在电子工程领域中，各种晶体三极管、场效应管等电子元器件都是非线性器件，即便是一个简单的 RLC 电路，由于电阻、电感、电容等电子器件本身的特性，也使得电路具有非线性的特点，在一定条件下，非线性电路会产生自激振荡、分谐波振荡、自调制等无法用线性理论解释的现象。应用电磁场理论、弹性动力学建立 RLC 电路的机电耦联系统振动方程，应用非线性振动的理论及现代分析方法来求解方程，研究系统参数对各类电子元器件非线性振动特性的影响，所得结论为电子元器件研制中的安全性、可靠性设计及敏感度设计提供参考。

第2章　非线性电路

在实际工作中，电子元器件的参数总是随着电压或电流变化而变化，工作中的实际电路都是非线性电路。对电路可进行线性化处理，简化电路分析过程。若非线性程度比较微弱，电路元器件可处理为线性元器件，不会给电路带来本质上的差异。大多数电子元器件的非线性特征不能忽略，若将其作为线性元器件处理，计算结果与实际量值相差太大，甚至还会产生本质的差异。由于电路本身具有的非线性特性，研究非线性电路具有重要的意义。

电阻、电感、电容等电子元器件本身的特性，也使得电路具有非线性的特点，非线性电路会产生自激振荡、分谐波振荡、自调制等无法用线性理论解释的现象。当然，随着其使用条件的不同，电子元器件表现出来的非线性程度也大不相同。在线性电子线路中，对信号进行处理时，使用其线性部分，电路基本上是线性的，略有失真。利用电子元器件的非线性来完成振荡频率变换等功能时，电路统称为非线性电子线路。电路元器件的参数随着电压或电流而变化，即电路元器件的参数与电压或电流有关，就称为非线性元器件，含有非线性元器件的电路称为非线性电路。

例如功率放大器，由于输入信号幅度大，且要考虑放大器效率等要求，元器件就应工作到非线性特性部分，这样，就不能用线性等效电路表示电子元器件，而必须用非线性电路的分析方法。因此，从分析方法的观点出发将功率放大器归在非线性电路的范畴。

非线性电路广泛应用于通信系统和各种电子设备中。非线性元器件与线性元器件的区别见表2-1。

表2-1　非线性元器件与线性元器件的区别

	线性元器件	非线性元器件
工作特性	直线关系 (图：i、v、O、α) $R=\frac{1}{\tan\alpha}$	正向：指数曲线 反向：数值很小的反向饱和电流 (图：i、I_0、α、O、V_0、v) $R=\frac{1}{\tan\alpha}$
频率变换作用	无频率变化	产生新的频率
叠加原理	满足	不满足

工程近似分析法包括图解法和解析法。解析法可应用到非线性元器件和时变参量元器件。非线性元器件的分析方法包括幂级数分析法、指数函数分析法、折线分析法等。时变参量元器件的分析方法有线性时变电路分析法和开关函数法。

2.1 非线性电阻电路

参数不随电压或电流变化而变化的电路元件是线性元件，由线性元件组成的电路是线性电路。参数随电压或电流变化而变化的电路元件就是非线性元件，含有非线性元件的电路称为非线性电路。

电压电流特性曲线是以电压和电流为坐标轴的曲线，通过 u-i 平面坐标原点直线的电阻［图 2-1（a）］为线性电阻，曲线的电阻为非线性电阻，如图 2-1（b）和（c）所示。线性电阻元件的伏安特性可用欧姆定律来表示，在 u-i 平面上它是通过坐标原点的一条直线。

非线性电阻元件不能应用欧姆定律。按照非线性电阻特性曲线的特点可以将它们进行分类。非线性电阻在电路中的符号如图 2-1（a）所示，图 2-1（b）所示隧道二极管是压控电阻，图 2-1（c）所示氖灯是流控电阻。

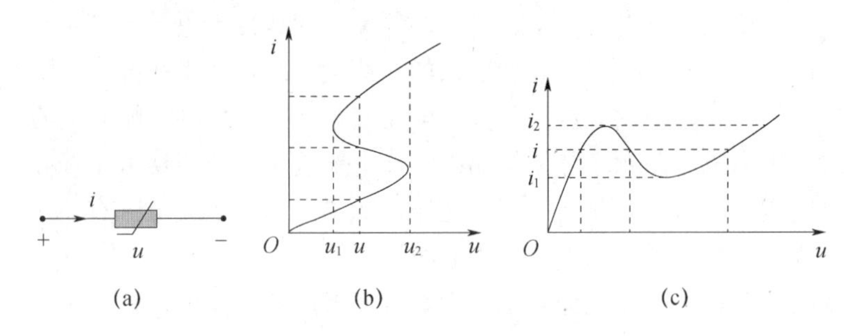

图 2-1　非线性电阻

电压是电流的单值函数的电阻，称为流控电阻，用 $u=f(i)$ 表示；电流是电压的单值函数的电阻，称为压控电阻，用 $i=g(u)$ 表示。

流控电阻两端的电压是电流的单值函数，伏安特性可表示为

$$u=f(i) \tag{2-1}$$

流控电阻的伏安特性曲线如图 2-1（b）所示，由图可知，对于每个电流值 i，有且只有一个电压值 u 与之相对应；而对于某一电压值，可能是多值电流与之对应。如电压值为 u 时，就有 3 个不同的电流值与之对应，如某些充气二极管。

压控电阻两端的电流是其两端电压的单值函数，伏安特性可表示为

$$i=g(u) \tag{2-2}$$

压控电阻的伏安特性曲线如图 2-1（c）所示，对于每一个电压值 u，有且只有电流值 i 与之对应。对于某电流值，可能是多值电压与之对应，如隧道二极管。

由图 2-1（b）和图 2-1（c）可知，有一段下倾伏安特性曲线段，这说明某范围内电流随着电压的增长反而下降。

“单调型”非线性电阻的伏安特性是单调增长或单调下降的，既是流控电阻又是压控电阻的。“单调型”非线性电阻最典型代表是二极管，如图 2-2 所示，伏安特性可用函数式表示为

$$i=I_S(e^{\frac{qu}{kT}}-1) \tag{2-3}$$

式中，I_S 为一常数，称为反向饱和电流，q 是电子的电荷（1.6×10^{-19}C），k 是玻尔兹曼常数（1.38×10^{-23}J/K），T 为热力学温度。

线性电阻具有双向性，是电压和电流伏安特性曲线关于原点对称的电阻。非线性电阻只有单向性，当所加电压方向不同时，流过它的电流完全不同，伏安特性曲线关于原点不对称。非线性电阻的单向导电性可用于整流。氖灯是双向电阻，而隧道二极管、普通二极管和理想二极管等都是单向电阻。单向性的电阻元件必须注意它的正负极性，不能交换使用。

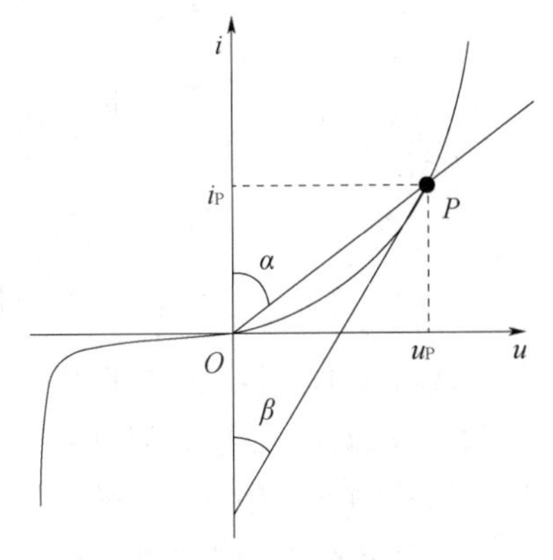

图2-2　二极管的伏安特性曲线

非线性电阻在某一工作状态下（如图2-2中 P 点）的静态电阻 R 等于电压值 u 与电流值 i 之比，即 $R=\frac{u}{i}$。显然 P 点的静态电阻正比于 $\tan\alpha$。

非线性电阻在某一工作状态下（如图2-2中 P 点）的动态电阻 R_d 等于电压 u 对电流 i 的导数值，即 $R_d=\frac{du}{di}$。显然 P 点的静态电阻正比于 $\tan\beta$。

静态电阻与动态电阻都与 P 点位置有关，R 与 R_d 随 P 点变化而变化。对压控型和流控型非线性电阻，伏安特性曲线的下倾段 R_d 为负，动态电阻具有“负电阻”性质。

串联或并联非线性电阻元件时，电阻元件控制类型相同，才有可能得出其等效电阻伏安特性的解析表达式。如果把非线性电阻元件串联或并联后对外当作一个一端口，则端口的电压电流关系或伏安特性称为此一端口的驱动点特性。两个非线性电阻的串联，如图2-3（a）所示，伏安特性分别为 $u_1=f_1(i_1)$，$u_2=f_2(i_2)$，用 $u=f(i)$ 表示此串联电路的一端口伏安特性。根据基尔霍夫电流定律（KCL）和基尔霍夫电压定律（KVL），有

$$i=i_1=i_2$$

$$u=u_1+u_2$$

将两个非线性电阻的伏安特性代入KVL有

$$u=f_1(i_1)+f_2(i_2)$$

根据KCL对所有 i，则有

$$u=f(i)=f_1(i_1)+f_2(i_2)$$

上式表示，其驱动点特性为一个流控非线性电阻。两个流控非线性电阻串联的等效电阻是一个流控非线性电阻。

如果这两个非线性电阻中有一个是压控型电阻，就很难写出一端口的等效伏安特性 $u=f(i)$ 的解析式。但是用图解方法不难获得等效非线性电阻的伏安特性。

用图解的方法分析非线性电阻的串联电路，如图2-3（b）所示。在同一电流值下将 u_1 和 u_2 相加可得出 u。例如，当 $i'=i'_1=i'_2$ 时，有 $u_1=u'_1$，$u_2=u'_2$，而 $u=u'_1+u'_2$。取不同的 i 值，可逐点求出其等效伏安特性 $u=f(i)$，如图2-3（b）所示。

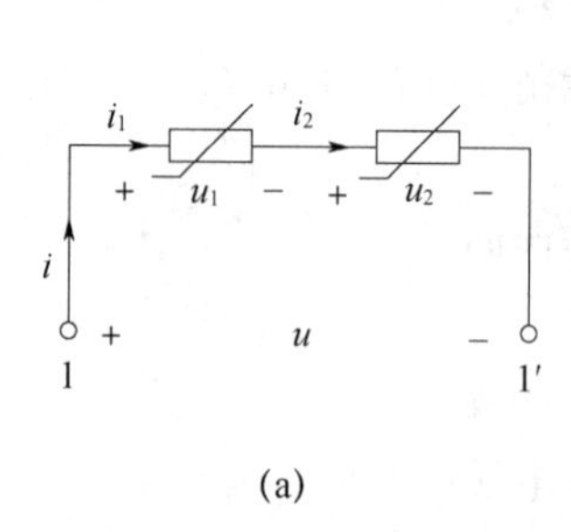

(a)

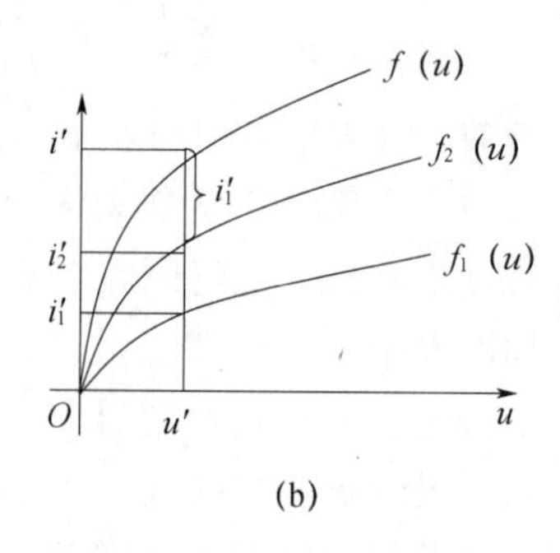

(b)

图 2-3　非线性电阻的串联

流控型非线性电阻串联后的等效电阻还是流控型的非线性电阻；压控型非线性电阻并联组合的等效电阻还是压控型的非线性电阻。压控型和流控型非线性电阻串联或并联，可用图解方法得到等效非线性电阻的伏安特性。

用图解法来分析非线性电阻的并联电路时，把在同一电压值下的各并联非线性电阻的电流值相加，即可得到所需要的驱动点特性。

按此方法，给定一系列电流值，就可求出单口电压电流关系（VCR）特性曲线上的一系列点，连接这一系列点，就可得到单口 VCR 特性曲线。由上可见，n 个非线性电阻串联单口，就端口特性而言，等效于一个非线性电阻，其 VCR 特性曲线，可以用同一电流坐标下电压坐标相加的方法求得。

图 2-4 所示电路中 1-1′端左方可视为某个有源端口的戴维南等效电路，右方可视为几个线性电阻的等效电阻。

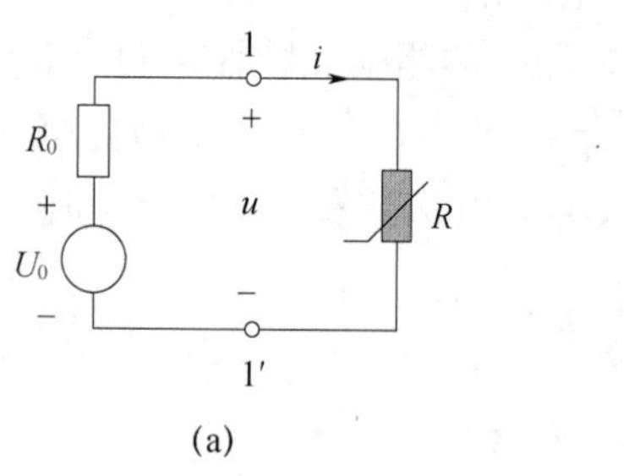

(a)

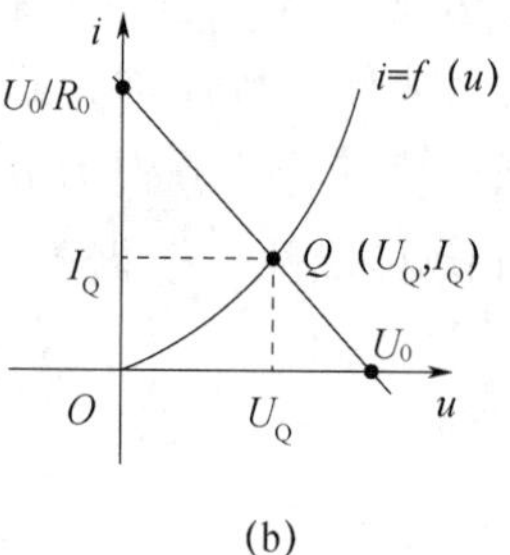

(b)

图 2-4　静态工作点

（1）解析法

① 压控非线性电阻，伏安特性有

$$i=g(u)$$

1-1′左端的电路方程

$$u=U_0-R_0 i$$

联立可求解以上关于 u 的高次代数方程。

② 同理，若 R 是流控型非线性电阻，则有

$$\begin{cases} i=(U_0-u)/R_0 \\ u=f(i) \end{cases}$$

联立可求解关于 i 的高次代数方程。

(2) 图解法—曲线相交法

分别做出上述方程组中的两条曲线，交点 Q (U_Q，I_Q) 即所求，点 Q 又称电路的静态工作点。

R 是压控的非线性电阻，有

$$i=g(u)$$

1-1′左端的方程为

$$u=U_0-R_0 i$$

此方程可以看作图 2-4 (a) 中左端口的伏安特性，它在 u-i 平面上是一条如图 2-4 (b) 中的直线。

直线与此伏安特性曲线的交点 Q (U_Q，I_Q) 同时满足上面两个方程式，所以有

$$U_0=R_0 I_Q+U_Q$$
$$I_Q=g(U_Q)$$

交点 Q (U_Q，I_Q) 称为电路的静态点，也就是图 2-4 (a) 所示电路的解。在电子电路中直流电压源通常表示偏置电压，R_0 表示负载，故直线有时称为负载线。

2.2　非线性电容和非线性电感电路

线性电容是二端储能元件，它两端电压与其电荷的关系是用库伏特性函数表示的。如果一个电容元件的库伏特性不是一条通过坐标原点的直线就是非线性电容。非线性电容的电路符号如图 2-5 (a) 所示，q-u 特性曲线如图 2-5 (b) 所示。

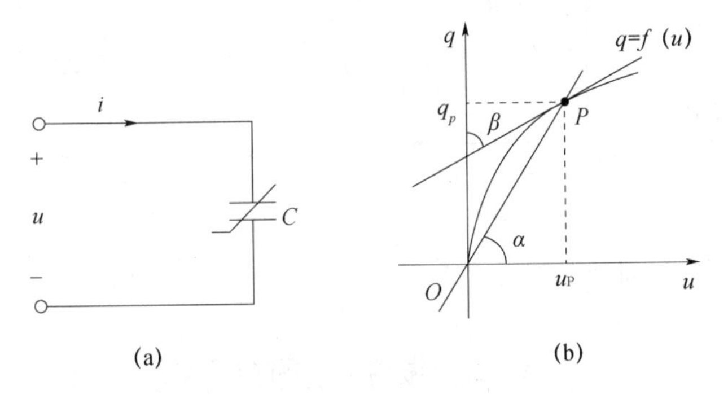

图 2-5　非线性电容

非线性电容元件的电荷和电压关系可表示为电压的函数 $q=f(u)$，即电荷可用电压的单值函数来表示，这是电压控制的电容。如果电荷和电压关系可表示为电荷的函数 $u=f(q)$，即电压可用电荷的单值函数来表示，就是电荷控制的电容。非线性电容也可以是单调型的，即其库伏特性在 q-u 平面上是单调增长或单调下降的。

为了计算上的需要，有时引用静态电容 C 和动态电容 C_d 的概念，它们的定义分别如下

$$C=\frac{q}{u}$$

$$C_d = \frac{dq}{du}$$

显然，在图 2-5（b）中 P 点的静态电容正比于 $\tan\alpha$，P 点的动态电容正比于 $\tan\beta$。

电感也是二端储能元件，其特征是用磁通链与电流之间的函数关系或韦安特性表示的。如果电感元件的韦安特性不是一条通过原点的直线，这种电感元件就是非线性电感元件。

非线性电感的电流与磁通链的关系表示磁通链的函数 $i=h(\Psi)$，称为磁通链控制的电感。如果电流与磁通链的关系表示为电流的函数 $\Psi=f(i)$，就称为电流控制的电感。非线性电感 Ψ-i 特性曲线如图 2-6 所示。

同样，为了计算上的方便，也引用静态电感 L 和动态电感 L_d 的概念，它们的定义分别如下

$$L = \frac{\Psi}{i}$$

$$L_d = \frac{d\Psi}{di}$$

显然，在图 2-6（b）中 P 点的静态电感正比于 $\tan\alpha$，P 点的动态电感正比于 $\tan\beta$。

非线性电感也可以是单调型的，韦安特性在 Ψ-i 平面上是单调增长或单调下降的。不过大多数实际非线性电感元件包含铁磁材料制成的芯子，由于铁磁材料的磁滞现象的影响，它的 Ψ-i 特性曲线具有回线形状，如图 2-7 所示。

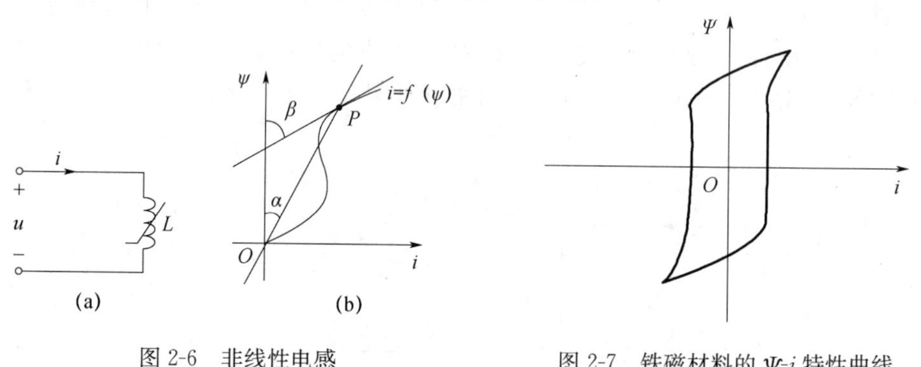

图 2-6　非线性电感

图 2-7　铁磁材料的 Ψ-i 特性曲线

2.3　非线性电路的方程

线性电路方程是从拓扑约束（KCL 和 KVL）和元件约束导出的，建立非线性电路方程的依据还是这两大约束。对于非线性电阻电路列出的方程是一组非线性代数方程，而对于含有非线性储能元件的电路列出的方程是一组非线性微分方程。

2.3.1　一阶非线性电路

在电路的分析与计算中，由于基尔霍夫定律对于线性电路和非线性电路均适用，所以线性电路方程与非线性电路方程的差别仅由元件特性的不同而引起。

电路如图 2-8 所示，已知 $R_1=3\Omega$，$R_2=2\Omega$，$u_S=10V$，$i_S=1A$，非线性电阻的特

性为是电压控制型，$i=u^2+u$，求 u。

解：应用 KCL 得

$$i_1=i_S+i$$

非线性电阻特性

$$i=u^2+u$$

对回路 1 应用 KVL 有

$$R_1i+R_2i_1+u=u_S$$

将 $i_1=i_S+i$ 和 $i=u^2+u$ 代入上式，得电路方程为

$$5u^2+6u-8=0$$

解得

$$u'=0.8\text{V}$$

$$u''=-2\text{V}$$

可见，非线性电路的解可能不是唯一的。

如果电路中既有电压控制的电阻，又有电流控制的电阻，建立方程的过程就比较复杂。

对于含有非线性动态元件的电路，通常选择非线性电感的磁通链和非线性电容的电荷为电路的状态变量，根据 KCL、KVL 列写的方程是一组非线性微分方程。

图 2-9 所示电路中非线性电容的库伏特性为 $u=0.5kq^2$，试以 q 为变量写出微分方程。

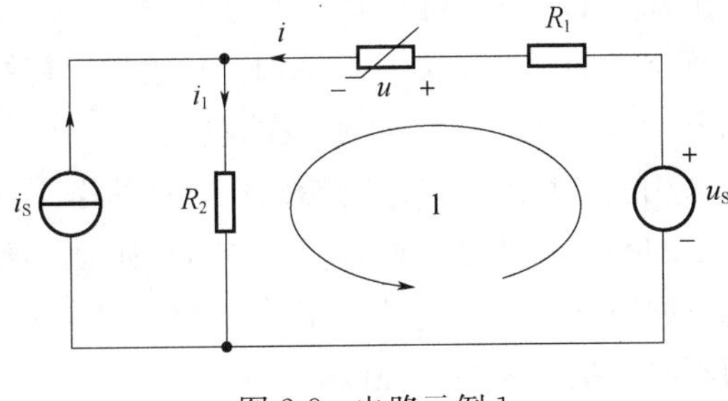

图 2-8　电路示例 1

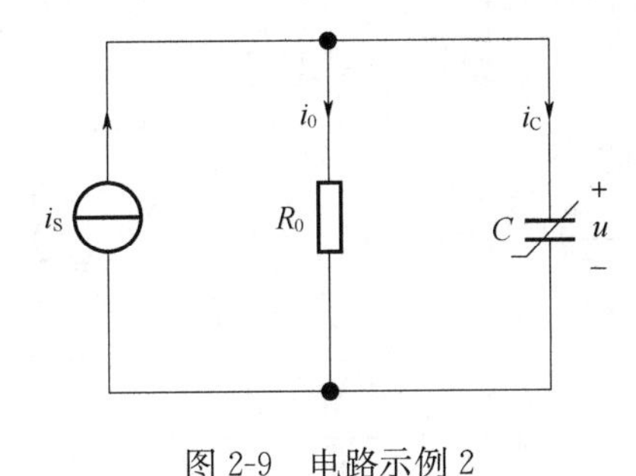

图 2-9　电路示例 2

解：以电容电荷为电路变量，有

$$i_C=\frac{\mathrm{d}q}{\mathrm{d}t}$$

$$i_0=\frac{u}{R_0}=\frac{0.5kq^2}{R_0}$$

应用 KCL 得

$$i_C+i_0=i_S$$

因此，得到一阶非线性微分方程为

$$\frac{\mathrm{d}q}{\mathrm{d}t}=-\frac{0.5kq^2}{R_0}+i_S$$

列写具有多个非线性储能元件电路的状态方程比线性电路更为复杂困难。

非线性代数方程和非线性微分方程的解析解一般都是难以求得的，但是可以利用计算机应用数值法来求得数值解，也可以应用 MATLAB 或者 Maple 等软件来求解。

2.3.2 二阶非线性电路的状态平面

二阶非线性电路状态方程的一般形式可写为非自治方程

$$\left.\begin{aligned}\frac{dx_1}{dt}=f_1(x_1,x_2,t)\\\frac{dx_2}{dt}=f_2(x_1,x_2,t)\end{aligned}\right\}\tag{2-4}$$

其中 x_1（t）和 x_2（t）为状态变量，上式为状态方程。

如果式（2-4）右方的函数不随时间 t 而变，即自变量 t 除了在式中以隐含形式出现外，不以任何显含形式出现，即有自治方程

$$\left.\begin{aligned}\frac{dx_1}{dt}=f_1(x_1,x_2)\\\frac{dx_2}{dt}=f_1(x_1,x_2)\end{aligned}\right\}\tag{2-5}$$

自治方程若电路是时变的，或电路中包含随时间变化的外施激励，使得方程中自变量 t 以显含形式出现，如式（2-4）所示，则称为非自治方程。在零输入或在直流激励下的非线性二阶电路的方程是自治方程，对应的电路就是自治电路。

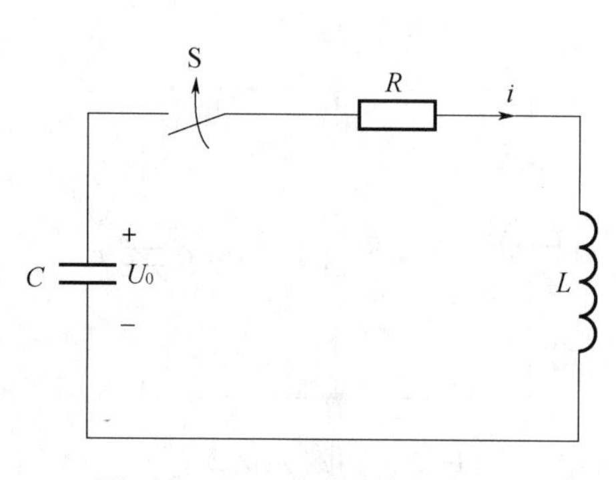

图 2-10　RLC 串联研究相图的电路

状态平面是以自治方程中状态变量 x_1、x_2 为坐标点的平面。相轨道对所有 $t>0$，自治方程的解 x_1（t）和 x_2（t）在平面上描绘出以初始状态 x_1（0）和 x_2（0）为起点的轨迹。

相图是针对不同的初始条件，在状态平面上绘出的一族相轨道。通常从相图可以定性了解状态方程所描述的电路工作状态的整个变化情况，而不必直接求解非线性微分方程。

用状态平面讨论二阶线性 RLC 串联电路放电的动态过程（图 2-10）。

设电容电压的初始条件为

$$u_C(0)=U_0$$

电感电流的初始值为

$$i(0)=0$$

电路方程为

$$LC\frac{d^2i}{dt}+RC\frac{di}{dt}+i=0$$

令 $x_1=i$，$x_2=\frac{di}{dt}=\frac{dx_1}{dt}$，上式改写为

$$\frac{dx_1}{dt}=x_2$$

$$\frac{\mathrm{d}x_2}{\mathrm{d}t}=-\frac{x_1}{LC}-\frac{R}{L}x_2=-\omega_0^2x_1-2\delta x_2 \tag{2-6}$$

式中，$\omega_0^2=\frac{1}{LC}$，$\delta=\frac{R}{2L}$。

对式（2-6）直接积分，可以求得相轨道的方程，但需要一定的数学计算，这里主要用状态平面来讨论。

（1）$R<2\sqrt{\frac{L}{C}}$ 或 $\delta^2<\omega_0^2$

电路中的放电过程为衰减振荡，如图 2-11（a）所示，对应不同的初始条件，相轨道是一族螺旋线，并以原点为渐近点。图中螺旋线的圈间距离表征了振荡的衰减率，而每一圈对应于振荡的一个周期。原点是方程式（2-6）的所谓“平衡点”。

（2）$R<2\sqrt{\frac{L}{C}}$ 或 $\delta^2>\omega_0^2$

电路中的放电过程为衰减，对应不同的初始条件，相轨道是一族变形的抛物线，如图 2-11（b）所示。原点是渐近点，相点的运动方向趋近原点。

（3）$R=0$ 或 $\delta=0$

式（2-6）变为

$$\frac{\mathrm{d}x_2}{\mathrm{d}x_1}=-\omega_0^2\frac{x_1}{x_2}$$

经过积分可得

$$\frac{x_1^2}{K^2}+\frac{x_2^2}{K^2\omega_0^2}=1$$

式中 K 是与初始条件有关的积分常数。

电路中的放电过程为不衰减的正弦振荡，对应不同的初始条件，相轨道是一族椭圆，如图 2-11（c）所示，以 K 为水平轴。垂直半轴为 ω_0K。振荡的振幅与初始条件有关。

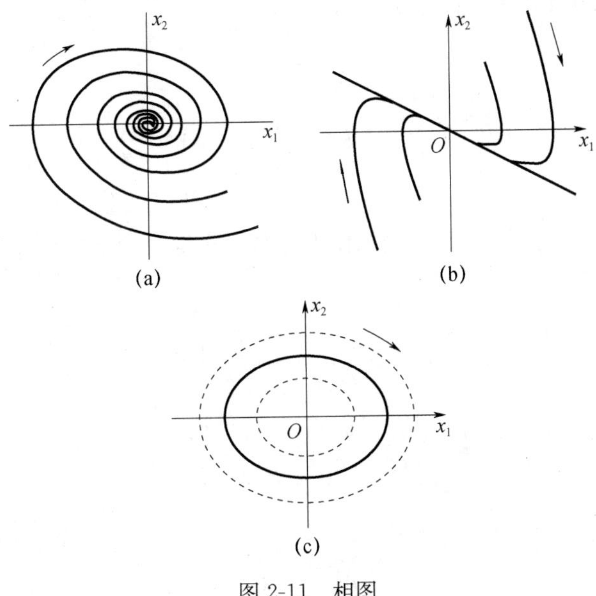

图 2-11　相图

这个例子说明相轨道形状的研究可以为定性了解电路全部解提供有用的信息。

在某些非线性自治电路中，在一定的初始条件下会建立起不衰减的周期振荡过程，此时所对应的相轨道将是一条被称为极限环的孤立闭合曲线。

2.3.3　非线性振荡电路

电子振荡电路一般至少含有两个储能元件和一个非线性元件。典型的非线性振荡电路，即范德坡电路，由一个线性电感、一个线性电容和一个非线性电阻组成，如图 2-12 所示。非线性电阻的伏安特性曲线有一段为负电阻性质，它的伏安特性可用下式表示（属于电流控制型）

$$u_R=\frac{1}{3}i_R^3-i_R$$

伏安特性曲线的大致形状如图 2-12（b）所示。

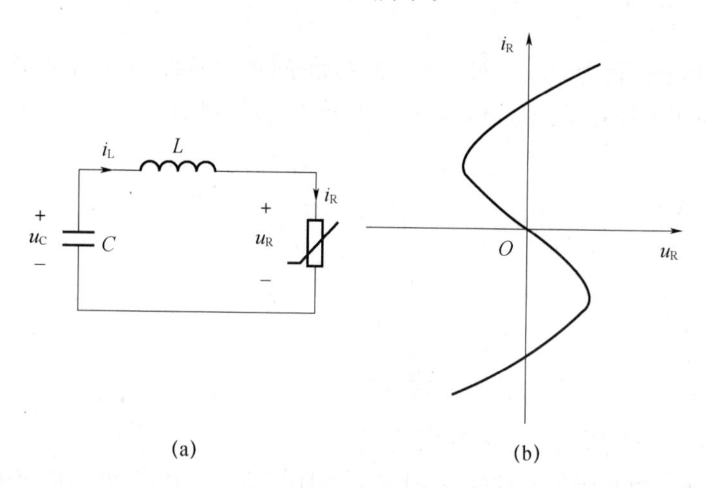

图 2-12　范德坡电路

电路的状态方程可写为（注意 $i_L=i_R$）

$$\frac{du_C}{dt}=-\frac{i_L}{C}$$

$$\frac{di_L}{dt}=\frac{u_C-\left(\frac{1}{3}i_L^3-i_L\right)}{L}$$

其中 u_C 和 i_L 为状态变量。为了使用量纲为一的量，令 $\tau=\frac{t}{\sqrt{LC}}$，τ 是量纲为一的量。这样有

$$\frac{du_C}{dt}=\frac{du_C}{d\tau}\frac{d\tau}{dt}=\frac{1}{\sqrt{LC}}\frac{du_C}{d\tau}$$

$$\frac{di_L}{dt}=\frac{di_L}{d\tau}\frac{d\tau}{dt}=\frac{1}{\sqrt{LC}}\frac{di_L}{d\tau}$$

上式可改写为

$$\frac{du_C}{dt}=-\frac{i_L}{C}$$

$$\frac{\mathrm{d}i_{\mathrm{L}}}{\mathrm{d}t}=\frac{u_{\mathrm{C}}-\left(\frac{1}{3}i_{\mathrm{L}}^{3}-i_{\mathrm{L}}\right)}{L}$$

令 $x_1=i_{\mathrm{L}}$，$x_2=\frac{\mathrm{d}i_{\mathrm{L}}}{\mathrm{d}\tau}$，则上式又可改写为

$$\frac{\mathrm{d}x_1}{\mathrm{d}\tau}=x_2$$

$$\frac{\mathrm{d}x_2}{\mathrm{d}\tau}=\varepsilon(1-x_1^2)x_2-x_1 \tag{2-7}$$

其中 $\varepsilon=\sqrt{\frac{C}{L}}$，对不同的 ε，相图不同（图 2—13）。

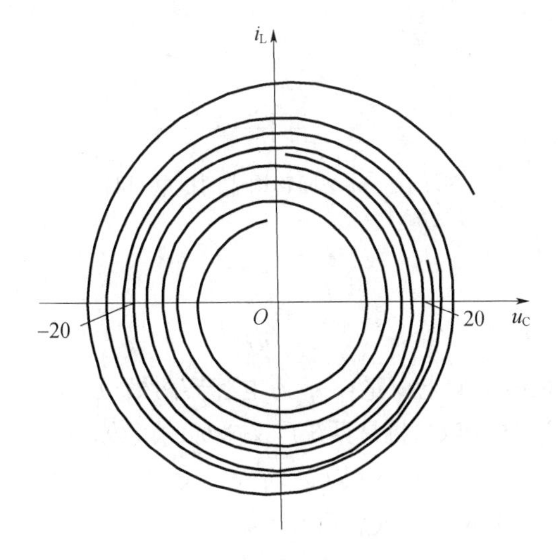

图 2-13　范德坡振荡电路的相图

方程式（2-7）中仅有一个参数 ε，对不同的 ε 值，可以画出该方程不同的相图，就可以了解图 2-12（a）所示电路的定性性质。从图中可以看出有闭合曲线存在。这种单一的或孤立的闭合曲线称为极限环，与其相邻的相轨道都是卷向它的，所以不管相点最初在极限环外还是在极限环内，最终都将沿着极限环运动。这说明不管初始条件如何，在所研究电路中最终将建立起周期性振荡。这种在非线性自治电路中产生的持续振荡是一种自激振荡。

如果上式中 $x_1=x$，该方程还可以改写为含有一个变量的二阶非线性微分方程

$$\frac{\mathrm{d}x_2}{\mathrm{d}t^2}-\varepsilon(1-x^2)\frac{\mathrm{d}x_2}{\mathrm{d}t}+x=0$$

上式就是范德坡方程。

2.3.4　非线性机电回路方程

图 2-14 表示一个由 m 个回路构成的机电回路。i_k $(k=1, 2, \cdots, m)$ 表示通过第 k 个回路的电流，u_k 为作用于第 k 个回路的外电势，q_k 为电容器的电荷，它和电流 i_k 的关系式为 $\mathrm{d}q_k=i_k\mathrm{d}t$，$R_k$ 为导体的电阻，C_k 为电容器的电容。

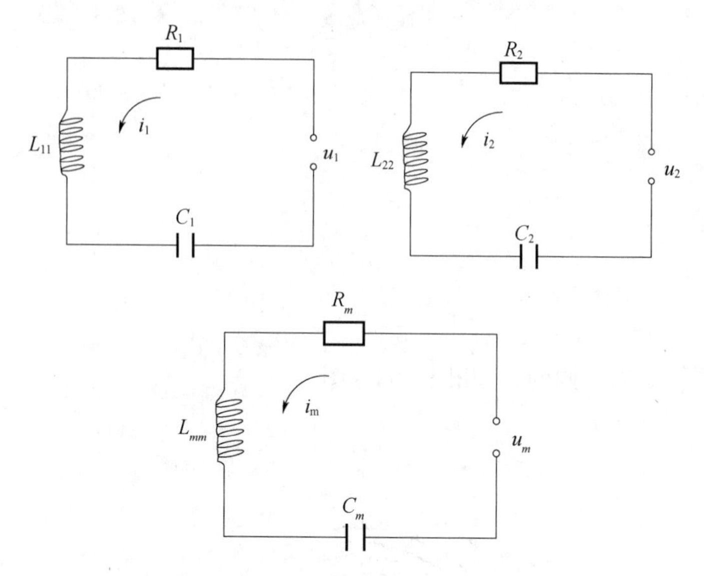

图 2-14 m 个回路构成的机电回路

电容器的电容 C_k 为

$$C_k=\frac{q_k}{u_k^{\mathrm{q}}}$$

式中 q_k 为电容器一个极板上的电荷量，u_k^{q} 为电容器两极板间的电势差。当电容器极板间的距离因之变化，这时电容 C_k 将是系统广义坐标的函数，即

$$C_k=C_k(g_1,g_2,\cdots,g_n)$$

电容器极板间的电场能量由下式表示

$$w_{\mathrm{e}}=\frac{1}{2}\sum_{k=1}^{m}\frac{q_k^2}{c_k}$$

第 k 个电容器极板间的电压 u_k^{q} 可以由电场能的表达式对电荷的偏导数而得到

$$u_k^{\mathrm{q}}=\frac{\partial w_{\mathrm{q}}}{\partial q_k}=\frac{q_k}{c_k} \tag{2-8}$$

假定带电导体位于均匀的各项同性的非铁磁介质中，由 m 个带电回路所组成的系统的磁场能量为

$$w_m=\frac{1}{2}\sum_{k=1}^{m}\sum_{r=1}^{m}L_{kr}i_k i_r \tag{2-9}$$

其中，L_{kk} 为第 k 个回路的自感，L_{kr} $(k\neq r)$ 为第 k 个与第 r 个回路的互感。电感 L_{kr} 的大小依赖于第 k 个及第 r 个回路的尺寸和形式，依赖于这两线圈间的距离及相互位置的分布，依赖于介质的磁导率。因此 L_{kr} 是广义坐标 g_1，g_2，…，g_n 的函数

$$L_{kr}=L_{kr}(g_1,g_2,\cdots,g_n)$$

通过第 k 个回路的磁通量 Φ_k 和系统各回路的电流成正比，表示为

$$\Phi_k=\sum_{r=1}^{m}L_{kr}i_r$$

磁通量 Φ_k 可由磁场能量表达式（2-9）对电流 i_k 的偏导数而得

$$\Phi_k=\frac{\partial w_m}{\partial i_k}$$

下面转入建立非线性电路方程。用 u_k^i 表示磁通量 Φ_k 变化时在第 k 个回路中产生的感应电势。按电磁感应定律感应电势为

$$u_k^i=-\frac{\mathrm{d}\Phi_k}{\mathrm{d}t}=-\frac{\mathrm{d}}{\mathrm{d}t}\left(\frac{\partial w_m}{\partial i_k}\right) \tag{2-10}$$

由克希荷夫第二定律知道，第 k 个回路的感应电势与外电势的和等于电阻及电容压降，即

$$u_k+u_k^i=R_k i_k+u_k^e \tag{2-11}$$

考虑到式（2-8）及式（2-10），由式（2-11）得到

$$\frac{\mathrm{d}}{\mathrm{d}t}\left(\frac{\partial w_m}{\partial i_k}\right)+\frac{\partial w_q}{\partial q_k}+R_k i_k=u_k \quad k=1,2,\cdots,m \tag{2-12}$$

引进电的耗散函数 $\psi_q=\frac{1}{2}\sum_{k=1}^{m}R_k\cdot i_k^2$ 。

函数 ψ_q 是电流 i_k 的齐二次型，$2\psi_e$ 的大小代表消耗在系统中并加热导体的不可逆的焦耳热。由于 $R_k i_k=\frac{\partial\ \psi_q}{\partial\ i_k}$，因此式（2-12）可以写成下面的形式

$$\frac{\mathrm{d}}{\mathrm{d}t}\left(\frac{\partial w_m}{\partial i_k}\right)+\frac{\partial w_q}{\partial q_k}+\frac{\partial \psi_q}{\partial i_k}=u_k \quad k=1,2,\cdots,m \tag{2-13}$$

电路系统具有丰富的动力学现象，掌握电路系统中丰富的非线性特征，可为MEMS的研制提供参考依据。

第3章 非线性电容RLC串联电路的动力学

在电子工程领域中，各种晶体三极管、场效应管等电子元器件都是非线性器件，即便是一个简单的RLC电路，由于电阻、电感、电容等电子器件本身的特性，也使得电路具有非线性的特点，在一定条件下，非线性电路会产生自激振荡、分谐波振荡、自调制等无法用线性理论解释的现象。研究传感器的动力学特性，以机电耦合动力学为基础，应用电场能、磁场能以及机械能建立传感器的多物理场耦合模型，通过模拟传感器实际工作状态，并考虑电子元器件本身的特征，采用动力学方法建立系统的运动微分方程进行研究。运用非线性振动理论对该系统模型进行动力学分析，理清系统中各参数之间的相互关系，寻找振动的控制策略。在研究过程中，采用理论分析、数值模拟相结合的方法开展研究，对问题进行合理简化。通过理论分析判断方程的强弱非线性类型，利用合适非线性理论及现代分析方法来进行研究，分析系统参数对各类电子元器件非线性振动特性的影响，所得结论可为传感器件研制中的安全性、可靠性设计以及敏感度设计提供参考。

国内的学者主要对非线性RLC串联铁磁谐振电路、电阻和电感非线性RLC电路、RLC串联电路与微梁耦合系统、Matlab软件仿真RLC电路等方面进行研究。国外的学者则在RLC电路的稳态模拟、电源非线性、混沌现象等方面进行研究。根据对文献分析可知，国内外关于RLC串联电路的研究均未涉及非线性电容的动力学特性。根据电荷与电压的函数关系，有电压控制型（电荷是电压的单值函数，简称压控制）、电荷控制型（电压是电荷的单值函数，简称荷控制）。

本章旨在研究电容传感器的机电耦合动力学的特性，在机电耦合动力学的基础上，应用电场能、磁场能以及机械能建立RLC电路的机电耦联系统模型，并且考虑了传感器本身的特征，采用拉格朗日—麦克斯韦（Lagrange-Maxwell）方程建立系统的运动微分方程，利用合适的非线性理论及现代分析方法来研究、分析系统参数对各类传感器非线性振动特性的影响，从而提高测量精度，所得结论为传感器研制中的安全性、可靠性及敏感度设计提供参考，可进行结构优化。非线性电容是电荷控制型，以非线性电容RLC串联电路振动方程为基础，应用多尺度法研究电路的主共振与次共振问题。

3.1 电容式位移传感器的动力学

MEMS也称微机械或微系统，发展至今，微型传感器一直是其研究和服务的主要对象。传感器（sensor）是指能感受规定的被测量（包括物理量、化学量、生物量等）并按照一定的规律转换成可用信号的器件或装置。微型压力传感器从信号检测方式上分类，可分为电容式、压阻式、压电式和谐振式等。微型传感器种类繁多、用途广泛，已在消费电子、汽车工业、航空航天、空间应用、生物医疗保健、机器人以及传感网等领域中得到了广泛应用。影响电容传感器测量精度的主要因素有分布电容、环境温度、电容介质变化、处理电路和计算公式的非线性等。国内外的学者对传感器研究采用的有限元模拟法、多尺度方法、Hammerstein 方法、Kane 方法、等效电路法等，均从机械结构或系统控制方面进行考虑。

电容式位移传感器的原理较简单，主要特点有非接触式测量、频率响应快、没有机械损失、温度稳定性好。同时，电容式传感器结构简单，易于制造，易于保证高的精度，可以做得非常小巧，以实现某些特殊的测量，能在特殊条件下工作。电容式位移传感器一般用金属作为电极，以无机材料作为绝缘支撑，因此能工作在高低温、强辐射的条件下。电容式位移传感器具有无接触测量的优点，其性价比高、易做成便携式仪器，同时对被测物是金属或非金属没有要求，因而具有广阔的市场空间和推广价值。电容传感器可由一个 RLC 电路与弹簧、板等弹性体耦合系统动力学模型描述，即便是一个简单的 RLC 电路，由于电阻、电感、电容等电子器件本身的特性，也使得电路具有非线性的特点，非线性电路会产生自激振荡、分谐波振荡、自调制等无法用线性理论解释的现象。RLC 电路系统具有丰富的动力学现象，掌握电路系统中丰富的非线性特征，可以为传感器本身的研制提供参考依据。詹士昌用普通钨丝灯泡、变压器线圈和电容组成非线性 RLC 串联铁磁谐振电路。国内学者还对 RLC 串并联电路进行了一系列的研究，包括用数值方法分析其暂态过程、RLC 电路弹簧耦合系统和 RLC 串联电路与微梁耦合系统的非线性振动，并依据闭合电路定律建立 RLC 振荡电路的数学模型。国外学者利用 Newton-Raphson 方法分析混合电势下非线性方程解法；研究电压或电流源非线性 RLC 电路动力学问题；分析电路产生共振的系统参数；研究系统产生混沌现象的条件。

3.1.1　电容式位移传感器的等效模型

传统的电容式位移传感器是一对互相绝缘的极板：一个极板固定；另一个极板安装在被测物体表面或被测物本身。前一种情况，当物体和电极一起移动时，两电极间距发生变化，导致传感器等效电容发生变化；后一种情况，当物体移向传感器时，物体和传感器间介电常数发生变化，等效电容随着变化。

在实际应用中，位移传感器由互感器电桥和差动式电容器两部分组成，如图 3-1（a）所示。差动式电容器是由上固定电极板 1、下固定电极板 2 和中间活动极板 3 组成。交流电源、固定极板、互感器相互连接，输出电压 ΔU 随着活动极板运动而变化。为了保证了初始电容相等，活动极板的初始位置距两个固定极板的距离均为 d_0。电容传感器可以简化为电阻 R、电感 L、电容 C_0 和电源 E_m 串接的电路，如图 3-1（b）所示。在 RLC 电路中电流 I 流过电容 C 时，在电容两端产生的电压用向量表示为 $u=\frac{1}{C_0}q+k_2q^2+k_3q^3+k_4q^4+\cdots$ 其中 C_0 是线性电容的值，q 是电荷，k_2，k_3，k_4 是非线性电容系数。

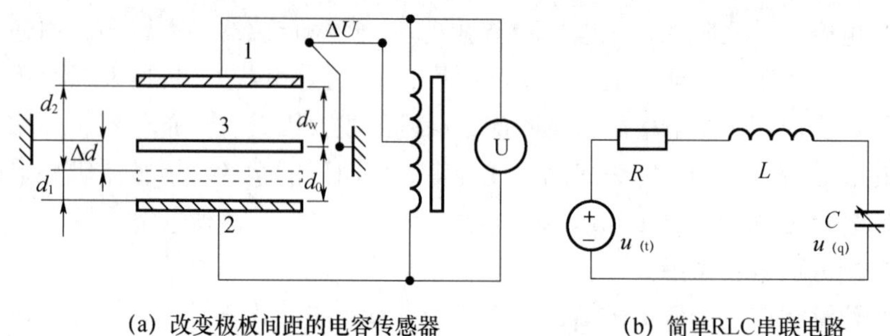

(a) 改变极板间距的电容传感器 (b) 简单RLC串联电路

图 3-1 电容式位移传感器

拉格朗日方法是用广义坐标，从能量的观点研究系统的动力学问题。图 3-1 电路取电荷 q 为广义坐标，则电流 $i=\dot{q}$，系统的磁能为 $W_m=\frac{1}{2}L\dot{q}^2$。库伏特性仅取 3 次方，由此可得电容器的电能 $W_e=\frac{1}{2}C_0u^2$，系统的拉格朗日函数 $La=W_m-W_e$。

耗散函数为 $F_e=\frac{1}{2}R\dot{q}^2$，非保守的广义力为 $E=E_m\cos\omega t$。

根据拉格朗日—麦克斯韦方程，可得到该系统的运动微分方程为$\frac{d}{dt}\left(\frac{\partial La}{\partial \dot{q}}\right)-\frac{\partial La}{\partial q}+\frac{\partial F_e}{\partial \dot{q}}=E_m\cos\omega t$。

进一步得

$$\frac{d^2q}{dt^2}+\frac{R}{L}\cdot\frac{dq}{dt}+\frac{1}{LC_0}q+\frac{k_2}{L}q^2+\frac{k_3}{L}q^3=\frac{E_m}{L}\cos\omega t \tag{3-1}$$

对式（3-1）进行处理，可得著名的杜芬（Duffing）方程为

$$\ddot{q}+2\mu\dot{q}+\omega_0^2q+\alpha_2q^2+\alpha_3q^3=f\cos\omega t \tag{3-2}$$

式中，$\omega_0^2=\frac{1}{LC_0}$，$\alpha_2=\frac{k_2}{L}$，$\alpha_3=\frac{k_3}{L}$，$\mu=\frac{R}{2L}$，$f=\frac{E_m}{L}$。

3.1.2 分叉混沌共振分析

系统是否为强非线性系统是通过非线性项的系数来判断的。RLC 串联电路系统的非线性项的系数非常大，故将式中强非线性的系数提出为 ε，可得方程

$$\ddot{q}+\omega_0^2q=\varepsilon(-2\mu\dot{q}-\alpha_2q^2-\alpha_3q^3+f\cos\omega t) \tag{3-3}$$

考虑频率和相位变化关系令 $\tau=\omega t-\theta$，并设 $K=k_1\cos\theta$，$H=k_1\sin\theta$，则式（3-3）可化为

$$\omega^2\ddot{q}(\tau)+\omega_0^2q(\tau)+\varepsilon[2\mu\omega\dot{q}(\tau)+\alpha_2q^2(\tau)+\alpha_3q^3(\tau)]=K\cos\tau-H\sin\tau$$

主共振是由比较小的外激励引起的，将外激励小参数化为

$$\omega^2\ddot{q}(\tau)+\omega_0^2q(\tau)+\varepsilon[2\mu\omega\dot{q}(\tau)+\alpha_2q^2(\tau)+\alpha_3q^3(\tau)]=\varepsilon K\cos\tau-\varepsilon H\sin\tau$$

令 ω^2 有关于 ε 的展开的级数关系

$$\omega^2=\omega_0^2+\varepsilon\omega_1+\varepsilon^3\omega_2+\cdots \tag{3-4}$$

引入变换参数

$$\beta=\frac{\varepsilon\omega_1}{\omega_0^2+\varepsilon\omega_1} \tag{3-5}$$

由上式可得

$$\varepsilon=\frac{\beta\omega_0^2}{(1-\alpha)\omega_1} \tag{3-6}$$

将上式代入式（3-4）有

$$\omega^2=\frac{\omega_0^2}{1-\beta}(1+\delta_2\beta+\delta_3^3\beta^3+\cdots) \tag{3-7}$$

利用泰勒公式对式（3-7）进行近似得

$$\omega=\omega_0\left[1+\frac{\beta}{2}+\left(\frac{3}{8}+\frac{\delta_2}{2}\right)\beta^2+\cdots\right] \tag{3-8}$$

设 α（τ）可展开为关于 β 级数形式

$$\alpha(\tau)=\alpha_0(\tau)+\beta\alpha_1(\tau)+\beta^2\alpha_2(\tau)+\cdots \tag{3-9}$$

将式（3-4）～式（3-9）代入式（3-7）中得

$$\frac{\omega_0^2}{1-\beta}(1+\delta_2\beta+\delta_3^3\beta^3+\cdots)\ddot{q}(\tau)+\omega_0^2 q(\tau)+\frac{\beta\omega_0^2}{(1-\beta)\omega_1}$$

$$\left\{2\omega_0\mu\left[1+\frac{\beta}{2}+\left(\frac{3}{8}+\frac{\delta_2}{2}\right)\beta^2+\cdots\right]\dot{q}(\tau)+\alpha_2 q^2(\tau)+\alpha_3 q^3(\tau)\right\}-$$

$$\frac{\beta\omega_0^2}{(1-\beta)\omega_1}(K\cos\tau-H\sin\tau)=0 \tag{3-10}$$

将上式展开并比较关于 β 的次幂得

关于 β^0：

$$\ddot{q}_0(\tau)+q_0(\tau)=0 \tag{3-11}$$

关于 β^1：

$$\ddot{q}_1(\tau)+\beta_1(\tau)=\beta_0-\frac{1}{\omega_1}[2\mu\omega_0\dot{q}_0(\tau)+\alpha_2 q_0^2(\tau)+\alpha_3 q_0^3(\tau)]+\frac{1}{\omega_1}(K\cos\tau-H\sin\tau) \tag{3-12}$$

⋮

设关于方程 β^0 的解的形式有

$$\beta_0(\tau)=A\cos\tau+B\sin\tau \tag{3-13}$$

将式（3-13）代入式（3-12）可得

$$\ddot{\varphi}_1(\tau)+\varphi_1(\tau)=\left[A-\frac{2\mu\omega_0}{\omega_1}B-\frac{3k_3}{4\omega_1}A(A^2+B^2)+\frac{1}{\omega_1}K\right]\cos\tau+$$

$$\left[B+\frac{2\mu\omega_0}{\omega_1}A-\frac{3k_3}{4\omega_1}B(A^2+B^2)-\frac{1}{\omega_1}H\right]\sin\tau+NST \tag{3-14}$$

上式中的 NST 为不长期存在项，提取永年项并令其等于零有

$$A-\frac{2\mu\omega_0}{\omega_1}B-\frac{3\alpha_3}{4\omega_1}A(A^2+B^2)+\frac{1}{\omega_1}K=0 \tag{3-15}$$

$$B+\frac{2\mu\omega_0}{\omega_1}A-\frac{3\alpha_3}{4\omega_1}B(A^2+B^2)-\frac{1}{\omega_1}H=0 \tag{3-16}$$

已知 $K^2+H^2=f^2$，再令 $A^2+B^2=a^2$，将式（3-15）与式（3-16）平方相加得

$$\left(a-\frac{3\alpha_3}{4\omega_1}a^3\right)^2+\left(\frac{2\mu\omega_0}{\omega_1}a\right)^2-\frac{f^2}{\omega_1^2}=0 \tag{3-17}$$

将上式展开得

$$\frac{9{\alpha_3}^2}{16}a^6-\frac{3\alpha_3\omega_1}{2}a^4+(\omega_1^2+4\mu^2\omega_0^2)a^2=f^2 \tag{3-18}$$

式（3-18）为系统主共振的强非线性分岔响应方程。

对式（3-18）的两边同时对 a^2 隐函数求导得

$$\frac{27{\alpha_3}^2}{16}a^4-3\alpha_3\omega_1 a^2+(\omega_1^2+4\mu^2\omega_0^2)=0 \tag{3-19}$$

解得上式得

$$\omega_1=\frac{3\alpha_3 a^2}{2}\pm\frac{1}{2}\sqrt{\frac{9{\alpha_3}^2a^4}{4}-16\mu^2\omega_0^2} \tag{3-20}$$

应用 Matlab 软件对式（3-18）计算，可以得到电容式位移传感器的共振响应曲线，分析不同系统参数对响应曲线的影响。如无特殊说明，数值计算中取以下参数：$R=2\Omega$，$E_m=0.2\text{V}$，$L=5\text{H}$，$C_0=0.1\text{F}$。

图 3-2（a）为两种不同电动势影响下的系统幅频响应曲线，由图 3-2（a）知：随着电动势的增加，系统的非线性跳跃明显，且系统的共振区间及共振幅值均增大。由图 3-2（b）知：随着电阻的增加，系统的非线性跳跃减弱，系统的共振幅值减小。由图 3-2（c）知：随着电感 L 增加，系统的共振幅值增大。由图 3-2（d）知：随着电容 C_0 增加，系统的共振区间向左偏移，共振幅值增大。由图 3-2 可知，幅频响应曲线具有的跳跃现象和滞后现象是典型的硬非线性曲线。

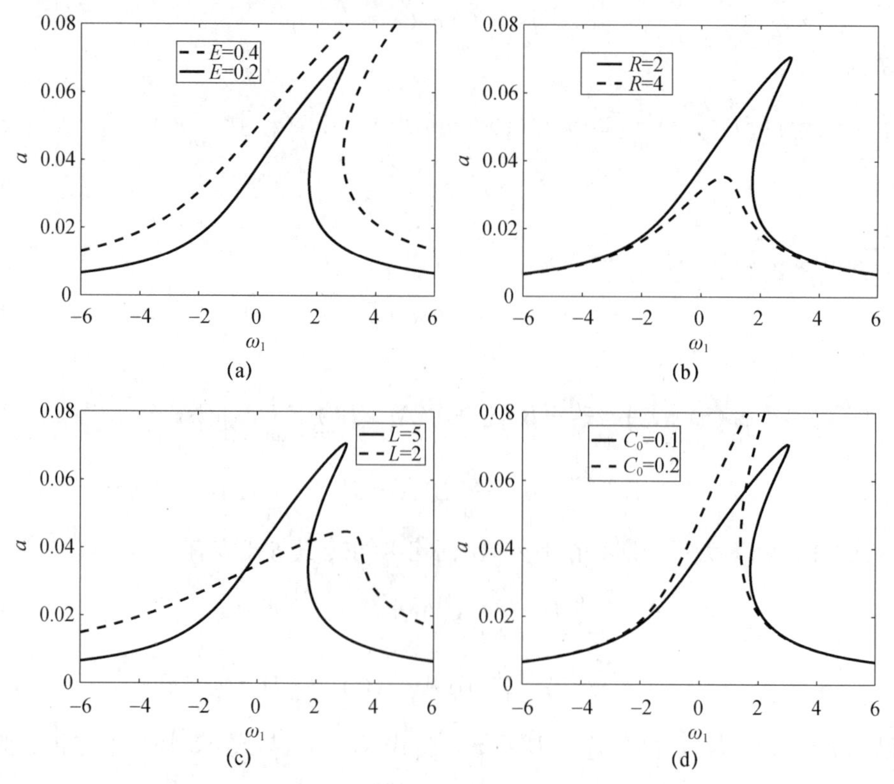

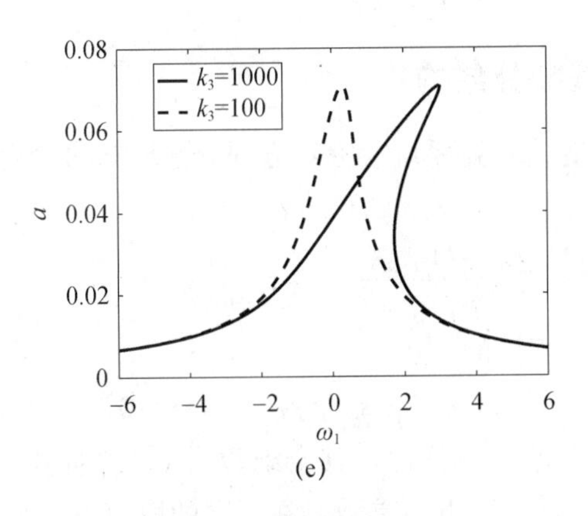

图 3-2　幅频响应曲线

图 3-3（a）为在不同 ω_1 作用下，随电动势的改变下振动响应曲线，ω_1 参数越大，系统振幅波动越强，当电动势超过 1.5V 之后，系统振动幅值趋于稳定增加。图 3-3（b)为不同 ω_1 作用下，随系统电感 L 的改变下振动响应曲线，ω_1 参数越大，系统的振动幅值越大。图 3-3（c）为在不同 ω_1 作用下，随系统电荷系数 k_3 的改变下振动响应曲线，ω_1 参数越大，系统的在电荷系数影响下的振幅滞后现象越推迟，振幅基本不变。图 3-3（d）为在不同 ω_1 作用下，系统随电阻 R 的改变下振动响应曲线，系统的振动幅值存在条约和滞后现象越明显。

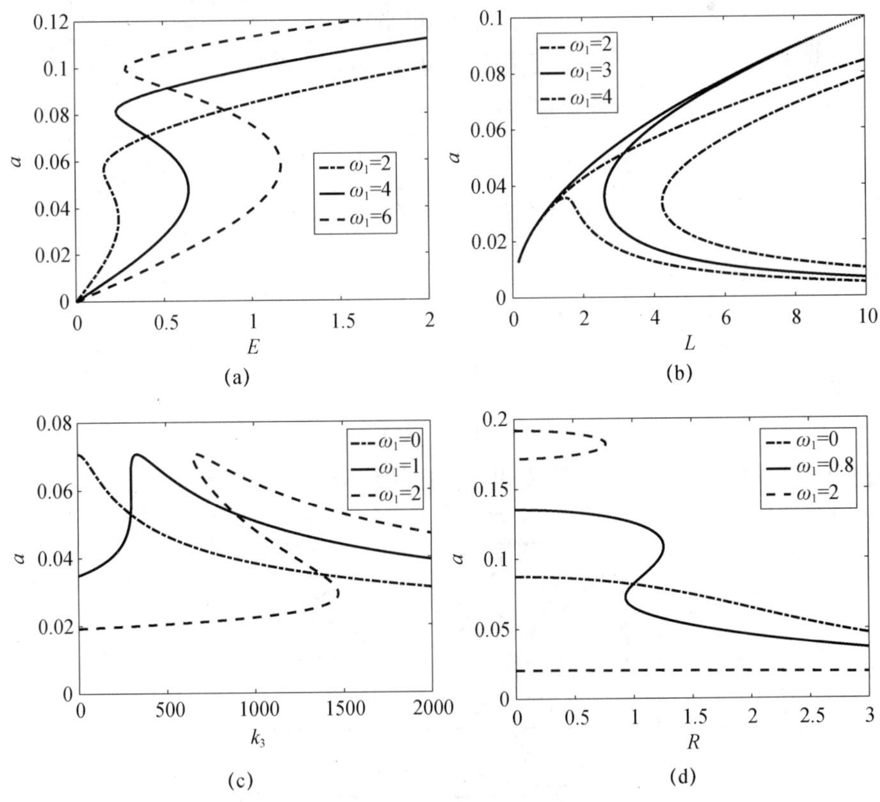

图 3-3　力幅响应曲线

3.1.3 分岔曲线拓扑结构

应用奇异稳定性理论来讨论系统参数对方程分岔形态的影响，将方程变形为

$$x^6+\beta_0x^4+\gamma_0x^2-\lambda_0=0 \tag{3-21}$$

式中，$\beta_0=\dfrac{-8\omega_1}{3\alpha_3}$，$\gamma_0=\dfrac{16\ (\omega_1+4\mu^2\omega_0^2)}{9\alpha_3^2}$，$\lambda_0=\dfrac{16f^2}{9\alpha_3^2}$。

式（3-21）可改写为下面的形式

$$x^7+\beta_0x^5+\gamma_0x^3-\lambda_0x=0 \tag{3-22}$$

可见，式（3-22）具有Z_2对称性，其余维数为2，并且是范式$x^7-\lambda_0x=0$的普适开折。式（3-22）中，β_0，γ_0为开折参数，在不同的取值下，系统会出现不同的分岔形式；λ_0为外部扰动量，表明在确定的分岔模式下，振幅x将随其变化而变化。

令

$$H(x,\lambda_0)=x^7+\beta_0x^5+\gamma_0x^3$$

则

$$H_x=7x^6+5\beta_0x^4+3\gamma_0x^2-\lambda_0$$

$$H_{\lambda_0}=-x$$

$$H_{xx}=42x^5+20\beta_0x^3+6\gamma_0x$$

由转迁集的定义，当$H=H_x=H_{\lambda 0}=0$时，系统存在分岔点集

$$B_0(Z_0)=\Phi(\text{空集})$$

$$B_2(Z_2)=\Phi(\text{空集})$$

$H=H_x=H_{xx}=0$时，系统存在滞后点集

$$H_0(Z_2)=\{\gamma_0=0\}$$

$$H_1(Z_2)=\left\{\gamma_0=\frac{\beta_0^2}{3},\beta^0\leqslant 0\right\}$$

同时存在双极限点集

$$D(Z_2)=\left\{\gamma_0=\frac{\beta_0^2}{4},\beta^0\leqslant 0\right\}$$

转迁集

$$B\cup H\cup D$$

不同开折参数β_0、γ_0下的转迁集和分岔拓扑结构如图3-4所示。

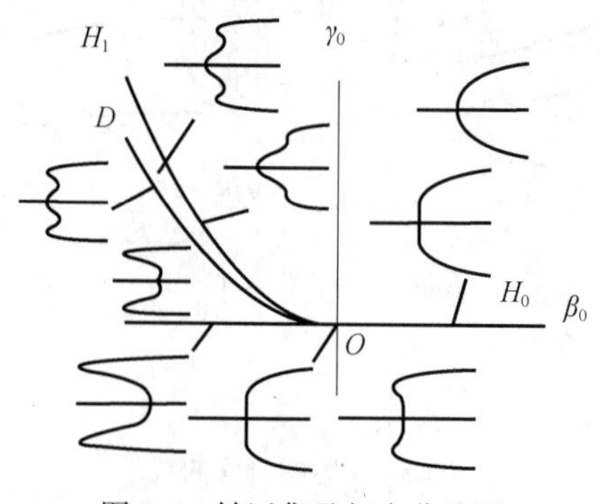

图3-4　转迁集及相应分岔图

3.1.4　复杂运动分析

方程（3-2）还可以化成常微分方程组

$$\dot{X}=Y=\dot{q}$$

$$\dot{Y}=-2\mu\dot{q}-\omega_0^2 q-\alpha_2 q^2-\alpha_3 q^3+f\cos(\omega t) \tag{3-23}$$

式（3-2）对应的汉密尔顿（Hamilton）系统为

$$\begin{cases}\dot{X}=Y=\dot{\varepsilon}\\ \dot{Y}=-\omega_0^2 X-\alpha_2 X^2-\alpha_3 X^3\end{cases} \tag{3-24}$$

其能量函数为

$$H=\frac{1}{2}Y^2+\frac{1}{2}\omega_0^2 X^2+\frac{1}{3}\alpha_2 X^3+\frac{1}{4}\alpha_3 X^4=h \tag{3-25}$$

由式（3-2）及 C_0 和 L 取值可知，$\omega_0^2>0$。因此，Hamilton 系统的奇点（平衡点）为

$$P_0=(0,0),P_1=(A,0),P_2=(B,0)$$

其中

$$A=\frac{-\alpha_2+\sqrt{\alpha_2^2-4\omega_0^2\alpha_3}}{2\alpha_3},B=\frac{-\alpha_2-\sqrt{\alpha_2^2-4\omega_0^2\alpha_3}}{2\alpha_3}$$

分别讨论奇点（平衡点）。

（1）当 $\alpha_2^2-4\omega_0^2\alpha_3>0$ 时，系统有三个相异的实奇点

如果 $\alpha_2>0$，$B<A<0$，P_1 为鞍点，P_0、P_2 为中心。如果 $\alpha_2<0$，$0<B<A$，P_2 为鞍点，P_0、P_1 为中心。此时系统具有同宿轨道，所以同宿轨道上的点的 Hamilton 量为

$$H=\frac{1}{2}\omega_0^2 A^2+\frac{1}{3}\alpha_2 A^3+\frac{1}{4}\alpha_3 A^4 \tag{3-26}$$

求得系统同宿轨道存在的充要条件是

$$2\alpha_2^2-9\omega_0^2\alpha_3=0 \tag{3-27}$$

由此得到同宿轨道的参数方程为

$$\begin{cases}X(t)=\pm\dfrac{2\sqrt{2}\alpha_2}{3\alpha_3}\dfrac{e^{\pm\frac{\alpha_2}{3\sqrt{\alpha_3}}t}}{e^{\pm\frac{2\alpha_2}{3\sqrt{\alpha_3}}t}+1}-\dfrac{\alpha_2}{3\alpha_3}\\ Y(t)=\pm\dfrac{2\sqrt{2}\alpha_2^2}{9\alpha_3\sqrt{\alpha_3}}\dfrac{e^{\pm\frac{\alpha_2}{3\sqrt{\alpha_3}}t}(1-e^{\pm\frac{2\alpha_2}{3\sqrt{\alpha_3}}t})}{(e^{\pm\frac{2\alpha_2}{3\sqrt{\alpha_3}}t}+1)^2}\end{cases} \tag{3-28}$$

如果 $\alpha_3<0$，$A<0<B$，P_0 为中心，P_1 和 P_2 为鞍点，此时系统具有异宿轨道，其存在的充要条件是 $\alpha_2=0$。

异宿轨道的参数方程为

$$\begin{cases}X(t)=\pm\sqrt{-\dfrac{\omega_0^2}{\alpha_3}}\,\text{th}\sqrt{\dfrac{\omega_0^2}{2}}t\\ Y(t)=\pm\dfrac{\omega_0^2}{\sqrt{-2\alpha_3}}\text{sech}^2\sqrt{\dfrac{\omega_0^2}{2}}t\end{cases}$$

（2）当 $\alpha_2^2-4\omega_0^2\alpha_3<0$ 时，系统只有一个实奇点。因此（0，0）为方程（3-24）的中心，并且存在一族包围该中心的闭轨族。由于同一周期轨道上 Hamilton 量相同，取 $Y=0$，则周期轨道上

$$H=\frac{1}{2}\omega_0^2A^2+\frac{1}{3}\alpha_2A^3+\frac{1}{4}\alpha_3A^4=h$$

如果 $\alpha_3>0$，同宿轨道内的闭周期轨道上 $0<h<\frac{\omega_0^4}{16\alpha_3}$，可以得到周期轨道参数方程为

$$\begin{cases}X(t)=\dfrac{\sqrt{2}\,|\alpha_2|}{3\alpha_3\sqrt{2-N^2}}\mathrm{dn}(D*t,N)-\dfrac{\alpha_2}{3\alpha_3}\\Y(t)=S*\mathrm{sn}(D*t,N)\cdot\mathrm{cn}(D*t,N)\end{cases}\tag{3-29}$$

式中，$S=\dfrac{\sqrt{2}\alpha_2^2N^2}{9\alpha_3\sqrt{\alpha_3}\ (2-N^2)}$，$D=\dfrac{|\alpha_2|}{3\sqrt{\alpha_3}\ (2-N^2)}$，$N^2=\dfrac{36\alpha_3^2\sqrt{h}}{18\alpha_3^2\sqrt{h}+\alpha_2^2\sqrt{\alpha_3}}$。

闭轨的周期为

$$T(N)=\frac{12\sqrt{\alpha_3(1-2N^2)}}{|\alpha_2|}K(N)$$

K（N）为第一类完全椭圆积分。

闭轨周期越小，系统运动能量越大。

如果 $\alpha_3<0$，同宿轨道内的闭周期轨道上 $0<h<-\frac{\omega_0^4}{4\alpha_3}$，可以得到周期轨道参数方程为

$$\begin{cases}X(t)=\dfrac{\sqrt{2\omega_0^2}D}{\sqrt{\alpha_3(1+D^2)}}\mathrm{sn}\left(\dfrac{\sqrt{\omega_0^2}}{3\sqrt{1+k}}t,D\right)\\Y(t)=\dfrac{\sqrt{2\omega_0^2}D}{\sqrt{-\alpha_3}(1+D^2)}\mathrm{cn}(G*t,D)\cdot\mathrm{dn}(G*t,D)\end{cases}$$

其中，$D^2=\dfrac{\omega_0^2-\sqrt{\omega_0^2+4h\alpha_3}}{\omega_0^2+\sqrt{\omega_0^2+4h\alpha_3}}$，$G=\dfrac{\sqrt{\omega_0^2}}{\sqrt{1+D^2}}$，模数上弯闭轨周期为

$$T(D)=\frac{4\sqrt{(1+D^2)}}{\sqrt{\omega_0^2}}K(D)$$

K（D）为第一类完全椭圆积分。

对于扰动系统，可以根据同宿轨道的参数方程或者周期轨道参数方程计算满足共振条件的梅尔尼科夫（Melnikov）函数：

$$M=\int_0^{nT}Y(-2\mu\dot{X}-\omega_0^2X-\alpha_2X^2-\alpha_3X^3+f\cos\omega t)\mathrm{d}t\tag{3-30}$$

由式（3-30）可以讨论不同共振条件下系统出现混沌现象所需要的必要条件。

取 c 为分岔参数，随着强非线性项参数 c 的变化，系统是一个在周期运动、倍周期运动和混沌运动之间变化的复杂运动（图 3-5）。

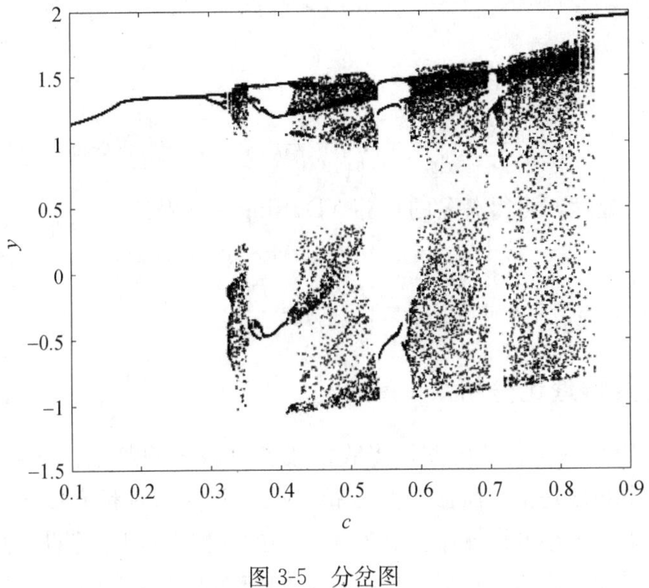

图 3-5　分岔图

3.2　RLC 串联电路的主共振

3.2.1　RLC 串联电路的振动方程

图 3-6 给出 RLC 串联电路，电阻 R、电感 L、电容 C_0 和电源 E_m 串接，具有阻尼力和电场力作用。电路中的电容是非线性电容，库伏特性为 $u=\frac{1}{C_0}q+k_2q^2+k_3q^3+k_4q^4+\cdots$。由此可知，RLC 串联电路是非线性系统。

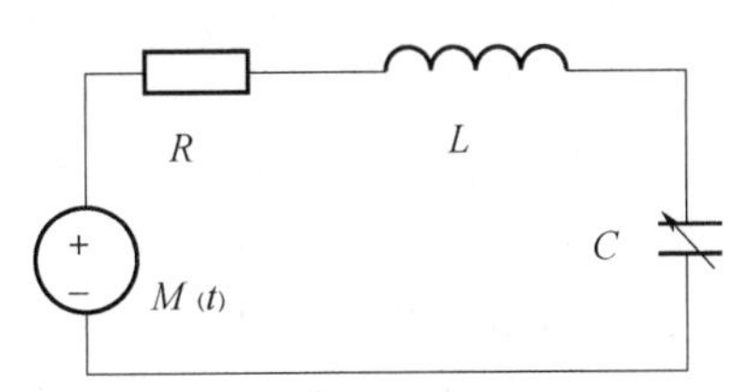

图 3-6　非线性 RLC 串联电路

拉格朗日方法是用广义坐标，从能量的观点研究系统的动力学问题。图 3-6 电路取电荷 q 为广义坐标，则电流 $i=\dot{q}$，系统的磁能为 $W_m=\frac{1}{2}L\dot{q}^2$。库伏特性仅取 3 次方，由此可得电容器的电能 $W_e=\frac{1}{2}C_0u^2$，系统的拉格朗日函数 $La=W_m-W_e$。

耗散函数为 $F_e=\frac{1}{2}R\dot{q}^2$，非保守的广义力为 $E=E_m\cos\omega t$。

根据拉格朗日—麦克斯韦方程，可得到该系统的运动微分方程为$\frac{\mathrm{d}}{\mathrm{d}t}\left(\frac{\partial La}{\partial \dot{q}}\right)-\frac{\partial La}{\partial q}+$

$\frac{\partial F_e}{\partial \dot{q}}=E_m\cos\omega t$。

进一步得

$$\frac{d^2q}{dt^2}+\frac{R}{L}\cdot\frac{dq}{dt}+\frac{1}{LC_0}q+\frac{k_2}{L}q^2+\frac{k_3}{L}q^3=\frac{E_m}{L}\cos\omega t \tag{3-31}$$

对式（3-31）进行处理，可得著名的杜芬（Duffing）方程为

$$\ddot{q}+2\mu\dot{q}+\omega_0^2q+\alpha_2q^2+\alpha_3q^3=f\cos\omega t \tag{3-32}$$

式中，$\omega_0^2=\frac{1}{LC_0}$，$\alpha_2=\frac{k_2}{L}$，$\alpha_3=\frac{k_3}{L}$，$\mu=\frac{R}{2L}$，$f=\frac{E_m}{L}$。

3.2.2 主共振理论分析

RLC 串联电路是一个普适电路，当我们改变参数值的时候，电路也能产生若干非线性振动。所谓主共振是指外激振频率 ω 接近派生系统固有频率 ω_0 的共振，如果系统是线性小阻尼系统，很小的激振幅值就发出强烈的共振。这时的阻尼力、外激励、非线性力与惯性力和线性力相比是小量，所以在它们前面冠以小参数 ε，同时引入主共振调谐参数 σ [由式确定 $\omega=\omega_0+\varepsilon\sigma$，$\sigma=0$ (1)]。由式（3-32）得

$$\ddot{q}+\omega_0^2q=\varepsilon(-2\mu\dot{q}-\alpha_2q^2-\alpha_3q^3+f\cos\omega t) \tag{3-33}$$

首先引入时间尺度 $T_0=t$，$T_1=\varepsilon t$，ε 是小参数，则有微分算子 $\frac{d}{dt}=D_0+\varepsilon D_1+\cdots$，$\frac{d^2}{dt^2}=D_0^2+2\varepsilon D_0D_1+\varepsilon^2(D_1^2+2D_0D_2)\cdots$其中 $D_n=\frac{\partial}{\partial T_n}$，$n=0$，1，…

设主共振的一次近似解为

$$q(t)=q_0(T_0,T_1)+\varepsilon q_1(T_0,T_1) \tag{3-34}$$

将式（3-34）代入式（3-33）并利用导算子，比较 ε 的同次幂的系数，得到一组线性偏微分方程

$$Dq_0+\omega_0^2q_0=0 \tag{3-35}$$

$$D_0^2q_1+\omega_0^2q_1=-2D_0D_1q_0-2\mu D_0q_0-\alpha_2q_0^2-\alpha_3q_0^3+f\cos(\omega_0T_0+\sigma T_1) \tag{3-36}$$

方程（3-35）的解为

$$q_0(T_0,T_1)=a(T_1)\cos[\omega_0T_0+\beta(T_1)]=A(T_1)e^{j\omega_0T_0}+cc \tag{3-37}$$

式中，cc 为共轭项，j 是单位复数。且

$$\begin{cases}A(T_1)=\frac{a(T_1)}{2}e^{j\beta(T_1)}\\ \bar{A}(T_1)=\frac{a(T_1)}{2}e^{-j\beta(T_1)}\end{cases} \tag{3-38}$$

将式（3-38）代入式（3-36）得

$$D_0{}^2q_1+\omega_0{}^2q_1=\left(-2j\omega_0D_1A-2\mu j\omega_0A-3\alpha_3A^2\bar{A}+\frac{f}{2}je^{j\sigma T}\right)e^{j\omega_0T_0}+\alpha_2A^2e^{2j\omega_0T_0}+\alpha_3A^3e^{3j\omega_0T_0}+cc \tag{3-39}$$

式中，cc 为共轭项。分析上式右边各项可发现：激励频率 ω 远离 ω_0 时，仍有某些 ω 的取值会导致永年项。例如，第 2 项和第 3 项分别在条件 $2\omega\approx\omega_0$ 和 $3\omega\approx\omega_0$ 下诱发永

年项。在消除永年项条件下可确定出 $A(T_1)\neq 0$，这将使一次近似解（3-39）中的自由振动部分保留下来。这是振动频率 $\omega\neq\omega_0$ 且振幅依赖于激励幅值的受迫振动。由于这种受迫振动的频率分别是 $\omega_0\approx 3\omega$ 和 $\omega_0\approx\omega/3$，故称其为 3 次超谐共振和 1/3 次亚谐共振，统称为次共振。

由式（3-39）得到消除永年项的条件为

$$2j\omega_0 D_1 A+2\mu j\omega_0 A+3\alpha_3 A^2\bar{A}-\frac{f}{2}j\mathrm{e}^{j\sigma T_1}=0 \tag{3-40}$$

将式（3-38）代入式（3-40），分离实虚部，令 $(\sigma T_1-\beta)=\varphi$，可得

$$\begin{cases} D_1 a=-\mu a+\dfrac{f}{2\omega_0}\sin\varphi \\ aD_1\varphi=\sigma a-\dfrac{3\alpha_3}{8\omega_0}a^3+\dfrac{f}{2\omega_0}\cos\varphi \end{cases} \tag{3-41}$$

令 $D_1 a=0$，$aD_1\varphi=0$，两式平方相加得到系统主共振的幅频响应方程和相频响应方程

$$a^2\left[\mu^2+\left(\frac{3\alpha_3}{8\omega_0}a^2-\sigma\right)^2\right]=\left(\frac{f}{2\omega_0}\right)^2$$

$$\varphi=\arctan\frac{\mu}{\dfrac{3\alpha_3}{8\omega_0}a^2-\sigma} \tag{3-42}$$

相应的一次近似解为

$$q(t)=a(\varepsilon t)\cos[\omega t-\varphi(\varepsilon t)] \tag{3-43}$$

将原参数代入上式得到关于 ω 的实系数二次代数方程，对于 $0<a\leqslant\dfrac{f}{2\omega_0\mu}$，可解出一对实根

$$\omega=\left(\omega_0+\frac{3\alpha_3}{8\omega_0}a^2\right)\pm\sqrt{\left(\frac{f}{2\omega_0 a}\right)^2-(\mu)^2} \tag{3-44}$$

主共振的峰值大小总是

$$a_{\max}=\frac{f}{2\omega_0\mu} \tag{3-45}$$

与非线性因素无关，但出现峰值的激励频率则与非线性因素有关

$$\omega=\omega_0\left(1+\frac{3\alpha_3}{8\omega_0}a_{\max}{}^2\right) \tag{3-46}$$

这一频率与 Duffing 系统的自由振动的频率相同。由于主共振的一次近似的简谐振动，共振时外激励恰好与系统阻尼力相平衡，使得主共振犹如无阻尼的自由振动。通常由式 $\omega=\omega_0\left(1+\dfrac{3\alpha_3}{8\omega_0}a_{\max}{}^2\right)$ 确定的曲线称为主共振的骨架线，主导了主共振幅频响应曲线的形状。

主共振定常解的稳定性是自治系统在定常解在 (a,φ)（即奇点）处的稳定性。因此采用劳斯—赫尔维茨（Routh-Hurwitz）判据来分析主共振的稳定性。

将方程（3-41）在 (a,φ) 处线性化，形成关于扰动量 Δa、$\Delta\varphi$ 的自治微分方程，消去 φ，得到

$$D_1\Delta a=-\mu\Delta a+\left(-\sigma a+\frac{3\alpha_3}{8\omega_0}a^3\right)\Delta\varphi$$

$$D_1\Delta\varphi=\left(\frac{\sigma}{a}-\frac{9\alpha_3 a}{8\omega_0}\right)\Delta a-\mu\Delta\varphi \tag{3-47}$$

其特征方程为

$$\lambda^2+2\mu\lambda+\mu^2-\left(\frac{3}{8\omega_0}\alpha_3 a^3-\sigma a\right)\left(\frac{\sigma}{a}-\frac{9\alpha_3 a}{8\omega_0}\right)=0 \tag{3-48}$$

由于 $\mu>0$，由条件 Routh-Hurwitz 判据可得定常解稳定的条件为

$$\Gamma=\mu^2+\left(\sigma-\frac{3\alpha_3}{8\omega_0}a^2\right)\left(\sigma-\frac{9\alpha_3}{8\omega_0}a^2\right)<0 \tag{3-49}$$

3.2.3 主共振数值分析

利用式（3-42）可以计算系统主共振的幅频响应曲线，根据式（3-49）Routh-Hurwitz 判据判定幅频响应稳定性，并将稳定和不稳定幅值分别用实现和虚线表示。在下面的数值计算中取以下参数：$R=0.05\Omega$，$E_m=0.0001V$，$L=0.016H$，$C_0=0.0001F$。

图 3-7（a）为三种不同电动势 E_m 影响下的系统幅频响应曲线，由图 3-7（a）知随着电动势 E_m 的增加，系统的非线性跳跃越明显，且系统的共振区间及共振幅值均增大，由式 $a_{max}=\frac{f}{2\omega_0\mu}$ 和 $f=\frac{E_m}{L}$ 可知，最大幅值与电动势是成正比的关系。图 3-7（b）中三种不同电阻 R 影响下的系统幅频响应曲线，由图 3-7（b）知，随着电阻 R 的增加，系统的非线性跳跃减弱，系统的共振幅值减小。图 3-7（c）中三种不同电感 L 影响下的系统幅频响应曲线，由图 3-7（c）知，随着电感 L 增加，系统的共振区间向左偏移，并明显减小。图 3-7（d）中三种不同电容 C_0 影响下的系统幅频响应曲线，由图 3-7（d）知，随着电容 C_0 增加，系统的共振区间向左偏移。由此可知，作为供能的电动势和耗能的电阻对系统的振动幅值及共振区间影响比较大；而电容、电感作为储能原件，其数值的变化对系统共振区间移动有影响，但对系统的振动幅值影响不大。由图 3-7 可知幅频响应曲线具有的跳跃现象和滞后现象，是典型的非线性曲线。图 3-8 为在不同调谐值 σ 作用下，随电动势 E_m 的改变下振动响应曲线。在系统电动势 E_m 小于 4×10^{-4}V 时，调谐参数越大，系统振幅波动越强，当电动势超过 4×10^{-4}V 之后，系统振动幅值趋于稳定增加。图 3-9 为不同调谐值 σ 作用下，随系统电感 L 的改变下振动响应曲线。当调谐值增加，系统的振动幅值滞后越明显，当电感值超过 0.28H 时，对系统的振动幅值影响减小，并趋于稳定。图 3-10 为不同调谐值 σ 作用下，随系统电荷系数 k_3 的改变下振动响应曲线。随着调谐值的增大，系统在电荷系数影响下的振幅滞后现象越推迟，但随着电荷系数的增加，系统振动幅值也逐渐减弱。图 3-11 为不同调谐值 σ 作用下，随系统电容 C 的改变下振动响应曲线。调谐值越大在电容值小于 2.5×10^{-4} 时，跳跃性越强，当电容值超过 2.5×10^{-4} 系统振动幅值趋于稳定，且调谐参数越大系统振动幅值越低。图 3-12 不同调谐值 σ 作用下，系统随电阻 R 的改变下振动响应曲线，当 $R<0.1\Omega$，调谐值越大系统的振动幅值存在条约和滞后现象越明显；当 $R>0.1\Omega$，当电阻增大时系统的振动幅值减弱。

由图 3-7 至图 3-12 分析可知，振幅与各个参数之间的响应曲线，在满足一定的条件

σ 大于某值时，也具有跳跃现象和滞后现象，这在非线性系统是很少见的。这说明 RLC 串联电路具有很完备的非线性，电阻 R、电感 L、电容 C_0 和电源的电动势 E_m 都可以是非线性的。如杨志安、崔一辉就对电感非线性 RLC 电路弹簧耦合系统、电阻电感非线性 RLC 电路弹簧耦合系统进行研究的成果，得到了很好的验证。

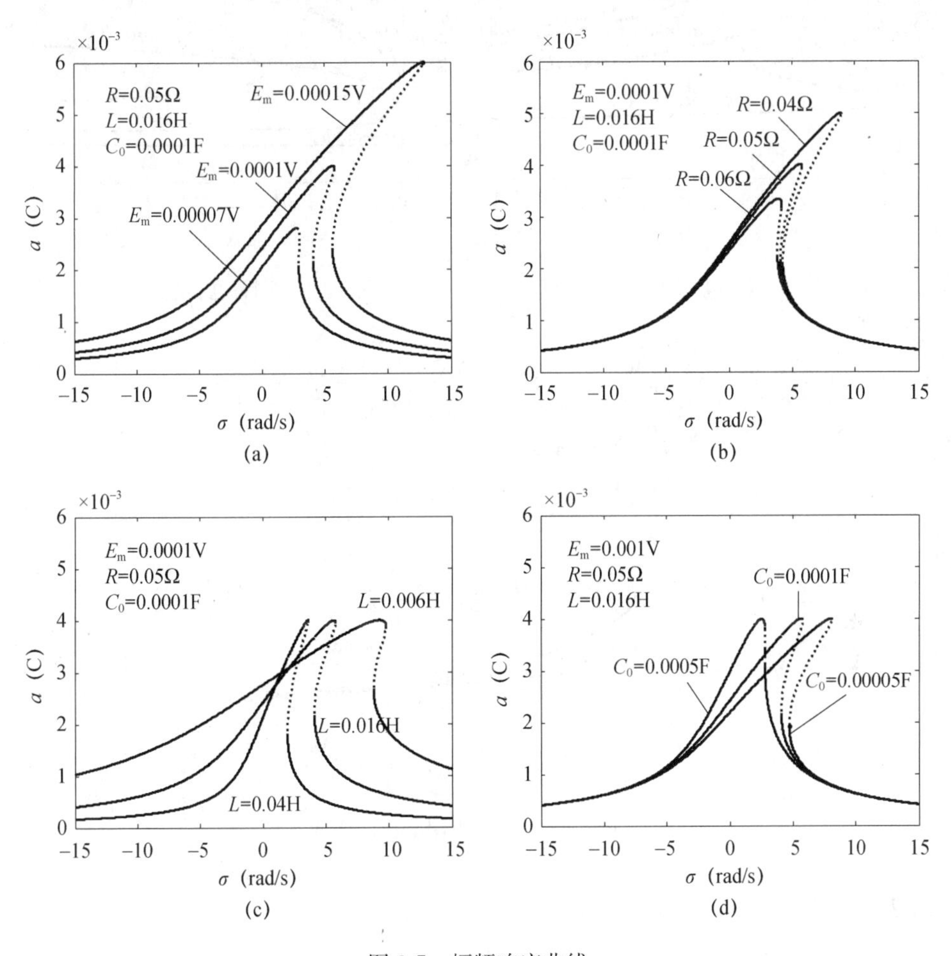

图 3-7　幅频响应曲线

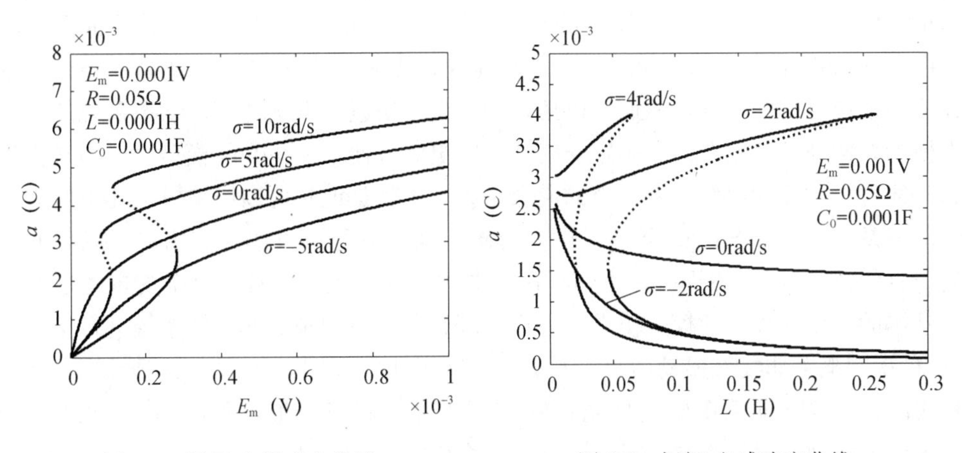

图 3-8　振幅-电源响应曲线　　　　图 3-9　振幅-电感响应曲线

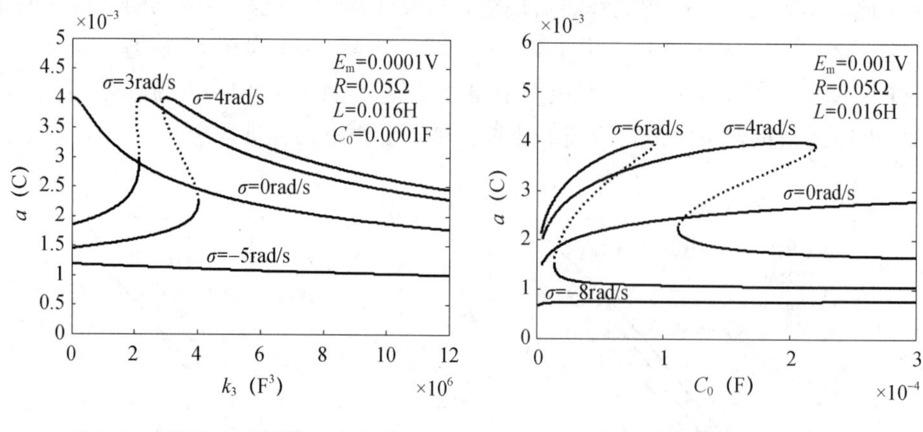

图 3-10　振幅-电荷系数响应曲线

图 3-11　振幅-电容响应曲线

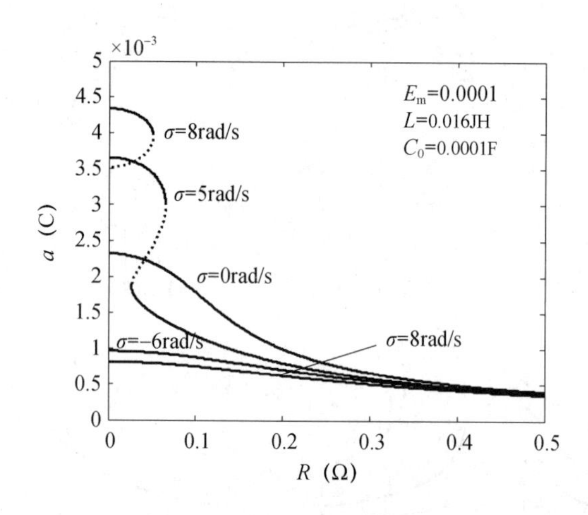

图 3-12　振幅-电阻响应曲线

3.2.4　Simulink 仿真分析

Simulink 已经成为动态系统建模和仿真领域中应用最为广泛的软件之一。Simulink 可以很方便地创建和维护一个完整的模块，评估不同的算法和结构，并验证系统的性能。由于 Simulink 是采用模块组合方式来建模，无须考虑算法的实现，主要针对创造性算法和模块结构的设计，从而可以使得用户能够快速、准确地创建动态系统的计算机仿真模型，特别是对复杂的不确定非线性系统更为方便。Simulink 模型可以用来模拟线性和非线性、连续和离散或者两者的混合系统，也就是说它可以用来模拟几乎所有可能遇到动态系统。另外 Simulink 还提供一套图形动画的处理方法，使用户可以方便地观察到仿真的整个过程。Simulink 是 Matlab 中的一种交互式工具，完全支持图形用户界面。基本的工作流程：建模—仿真—分析。Simulink 可用来对非线性系统进行仿真。基于 RLC 串联电路非线性振动微分方程式（3-35）建立框图，如图 3-13 所示。在 Simulink 的仿真参数选项菜单中选择龙格库塔算法进行数值模拟，通过 Scope 模块和 XY Graph 模块可以得到位移的时间曲线以及位移和速度的相图。

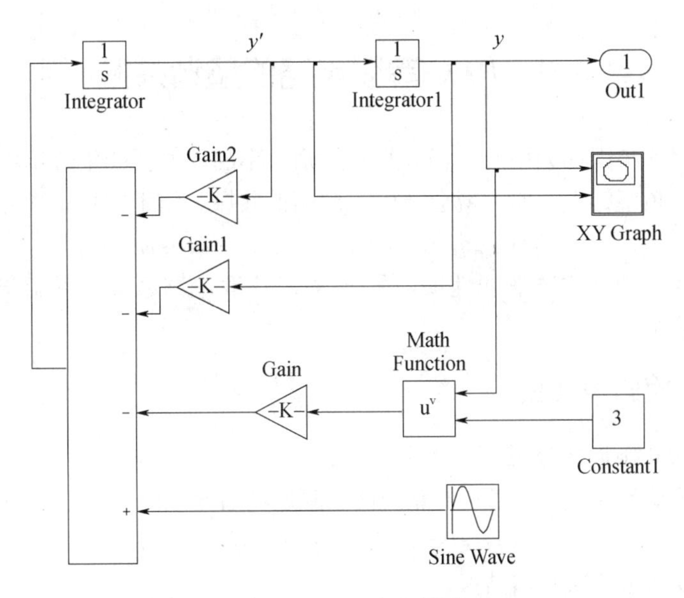

图 3-13　Simulink 模型

图 3-14 是模拟时间为 0.5s 的时间响应曲线，由图可知，随着时间的增加，主参数共振的电流减小，增大交替出现，总体呈减小趋势，最后趋于稳定，这说明在开始时电容的放电振动比较大，最后趋于稳定。图 3-15 为电流与电荷相图曲线，由动态仿真过程可知相图曲线收敛，这与数值计算结果是吻合的。

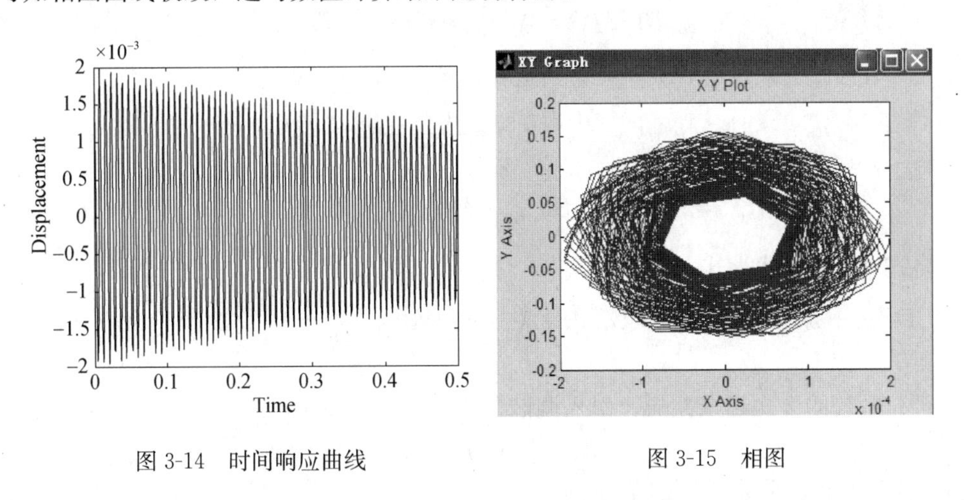

图 3-14　时间响应曲线

图 3-15　相图

RLC 串联电路系统主共振响应曲线具有跳跃和滞后现象。电阻对主共振振幅有抑制作用。系统振幅和共振区间随着电动势的增加均明显增大。电感、电容作为储能原件，其数值的变化可改变主共振系统的共振区间位置。振幅与各个参数之间的响应曲线，在满足一定的条件时，也具有跳跃现象和滞后现象，说明 RLC 串联电路中电阻 R、电感 L、电容 C_0 和电源 E_m 都是可以是非线性的，这在已经取得的研究成果中得到很好的验证。

3.3 RLC串联电路的超谐共振

当激励频率远离固有频率时，仍有某些激励频率的取值会产生永年项。这种受迫振动的频率是固有频率的 $1/n$ 时，就会产生 n 次超谐共振。由于方程式（3-32）

$$\ddot{q}+2\mu\dot{q}+\omega_0^2 q+\alpha_2 q^2+\alpha_3 q^3=f\cos\omega t$$

中含有平方非线性项和立方非线性项，所以RLC串联电路系统就可能产生2次超谐共振和3次超谐共振。

3.3.1 2次超谐共振

1. 2次超谐共振理论分析

弱非线性振动是在式（3-32）的非线性和阻尼项前面冠以小参数 ε，可得

$$\ddot{q}+\omega_0^2 q=\varepsilon(-2\mu\dot{q}-\alpha_2 q^2-\alpha_3 q^3+f\cos\omega t) \tag{3-50}$$

应用多尺度法求2次超谐共振，设

$$q(T)=q_0(T_0,T_1)+\varepsilon q_1(T_0,T_1) \tag{3-51}$$

将式（3-51）代入式（3-50）得到一组线性偏微分方程

$$D_0^2 q_0+\omega_0^2 q_0=f\cos\omega t \tag{3-52}$$

$$D_0^2 q_1+\omega_0^2 q_1=-2D_0 D_1 q_0-2\mu D_0 q_0-\alpha_2 q_0^2-\alpha_3 q_0^3 \tag{3-53}$$

方程（3-52）的解为

$$\phi_{n0}(T_0,T_1)=A(T_1)e^{j\omega_0 T_0}+Be^{j\omega T_0}+cc \tag{3-54}$$

这里 $cc=\bar{A}(T_1)e^{-j\omega_0 T_0}+Be^{-j\omega T_0}$ 为共轭项，且

$$\begin{cases} A(T_1)=\dfrac{a(T_1)}{2}e^{j\beta} \\ B=\dfrac{f}{2(\omega_0^2-\omega^2)} \end{cases} \tag{3-55}$$

将式（3-55）代入式（3-53）得

$$D_0{}^2 q_1+\omega_0{}^2 q_1=-[2j\omega_0(D_1 A+\mu A)+6\alpha_3 AB^2+3\alpha_3 A^2\bar{A}+\alpha_2 Be^{j\sigma T_1}]e^{j\omega_0 T_0}+cc \tag{3-56}$$

研究系统的2次超谐共振，引入调谐参数 σ，由下式确定

$$2\omega=\omega_0+\varepsilon\sigma,\sigma=o(1)$$

由式（3-56）得消除永年项的条件为

$$-[2j\omega_0(D_1 A+\mu A)+6\alpha_3 AB^2+3\alpha_3 A^2\bar{A}+\alpha_2 B^2 e^{j\sigma T_1}]=0 \tag{3-57}$$

将式 $A(T_1)=\dfrac{a(T_1)}{2}e^{j\beta}$，$\bar{A}(T_1)=\dfrac{a(T_1)}{2}e^{-j\beta}$ 代入式（3-57），分离实虚部，令 $(\sigma T_1-\beta)=\varphi$ 可得

$$\begin{cases} D_1 a=-\mu a-\dfrac{\alpha_2 B^2}{\omega_0}\sin\varphi \\ aD_1\varphi=a\left(\sigma-\dfrac{3\alpha_3 B^2}{\omega_0}\right)-\dfrac{3\alpha_3}{8\omega_0}a^3-\dfrac{\alpha_2 B^2}{\omega_0}\cos\varphi \end{cases} \tag{3-58}$$

相应的一次近似解为

$$\alpha(t)=a(\varepsilon t)\cos[2\omega t-\phi(\varepsilon t)]+\frac{f}{\omega_0^2-\omega^2}\cos\omega t \tag{3-59}$$

令式（3-58）中 $D_1a=0$，$D_1\varphi=0$，消去 φ，得到 2 次超谐共振的幅频响应方程

$$\left[\mu^2+\left(\sigma-\frac{3\alpha_3B^2}{\omega_0}-\frac{3\alpha_3}{8\omega_0}a^2\right)^2\right]a^2=\left(\frac{\alpha_2B^2}{\omega_0}\right)^2 \tag{3-60}$$

$$\varphi=\arctan\frac{\mu}{-\sigma+\frac{3\alpha_3}{\omega_0}B^2+\frac{3\alpha_3}{8\omega_0}a^2} \tag{3-61}$$

从方程（3-60）中解出 σ 为 a 的函数，得

$$\sigma=\frac{3\alpha_3B^2}{\omega_0}+\frac{3\alpha_3}{8\omega_0}a^2\pm\sqrt{\left(\frac{\alpha_2B^2}{\omega_0a}\right)^2-\mu^2} \tag{3-62}$$

由于 $B\neq0$，方程（3-60）的解必满足 $a\neq0$。2 次超谐共振峰为 $a_{\max}=\frac{\alpha_2B^2}{\omega_0\mu}=\frac{\alpha_2f^2}{4\omega_0\mu(\omega_0^2-\omega^2)^2}$。它与系统的非线性程度有关，显著有别于主共振。由于共振峰与 ε 量级相同，弱非线性系统的 2 次超谐共振的危险性比较小。

2. 数值实例分析

应用 Matlab 软件对式（3-60）进行计算，可以得到 RLC 串联电路 2 次超谐共振的响应曲线（图 3-16），数值计算中，电子元器件的基本参数为：电阻 $R=15\Omega$，电动势 $E_m=25V$，电感 $L=15H$，线性电容 $C_0=0.001F$。

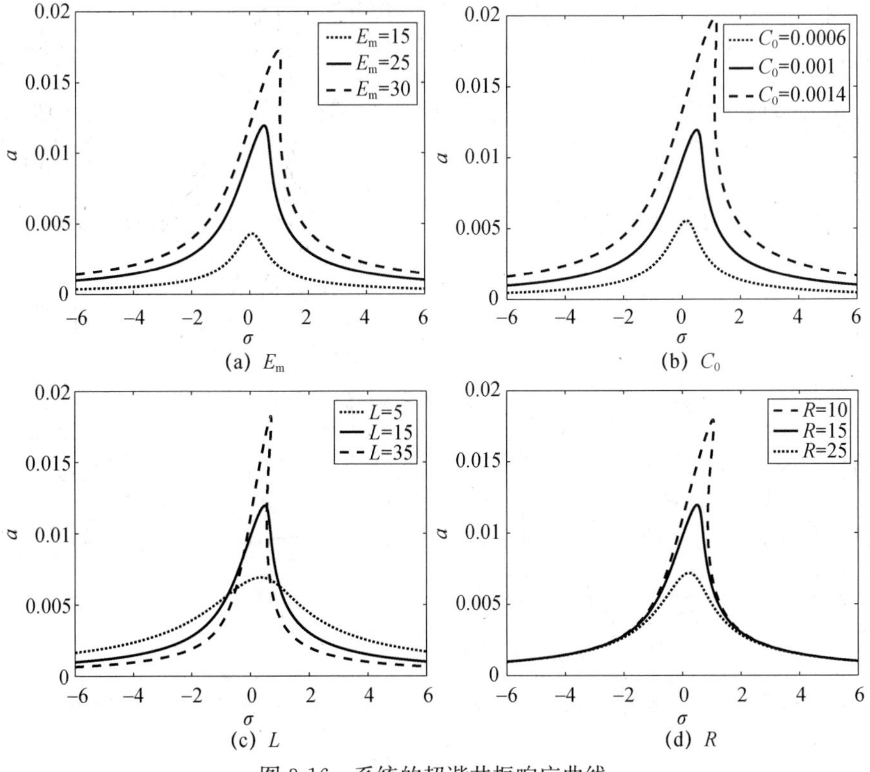

(a) E_m　(b) C_0　(c) L　(d) R

图 3-16　系统的超谐共振响应曲线

图 3-16 中系统的超谐共振响应曲线具有跳跃现象和滞后现象。电动势作为系统的供能元件，电容、电阻和电感作为耗能元件，其数值的变化对系统振幅以及共振区域均有影响。由图 3-16（a）到图 3-16（c）可知，电动势、线性电容和电感增大时，系统的共振幅值均增大，且图 3-16（a）和图 3-16（b）的共振区域依次增大，而图 3-16（c）共振区域随振幅的增大而变窄。图 3-16（d）随着电阻值的增大系统的共振幅值和区域都减小，这是因为电阻抑制系统的非线性，电阻增大时电流减弱，电路中的电荷也相应减少。

图 3-17 为调谐值变化时的电动势-振幅响应曲线，电动势增大时振动幅值也增大，电动势增大时整个电路中电流增大，电荷增多。图 3-18 为振幅随电容变化的响应曲线，随着电容的增大，振幅也增大。图 3-19 为振幅随非线性电荷系数 k_2 变化的响应曲线，随着 k_2 的增大，振动幅值也增大。图 3-20 为振幅随非线性电荷系数 k_3 变化的振动响应曲线，随着 k_3 的增大，振动幅值减小，但应注意的是，$\sigma>0$ 时曲线振幅随的增大振动幅值先增大再减小。综合图 3-17 至图 3-20 可知，当 $\sigma>0$ 时，随着电动势、电容、非线性电荷系数 k_2 与 k_3 等参数的增大，RLC 串联电路的响应曲线具有跳跃现象和滞后现象；在 $\sigma<0$ 时，参数增大时系统振动幅值逐渐增加，不出现跳跃现象和滞后现象。

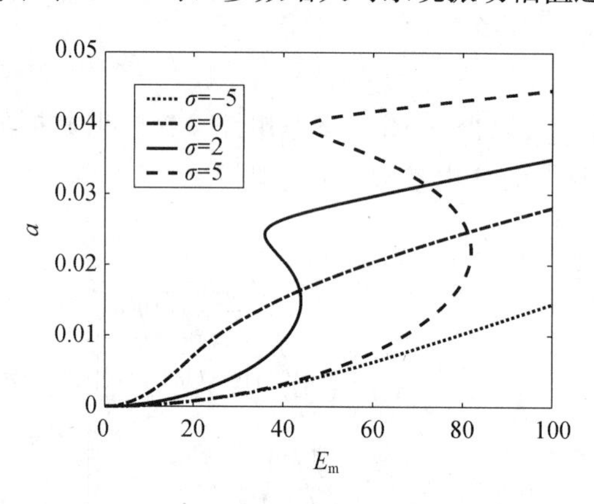

图 3-17　电动势-振幅响应曲线

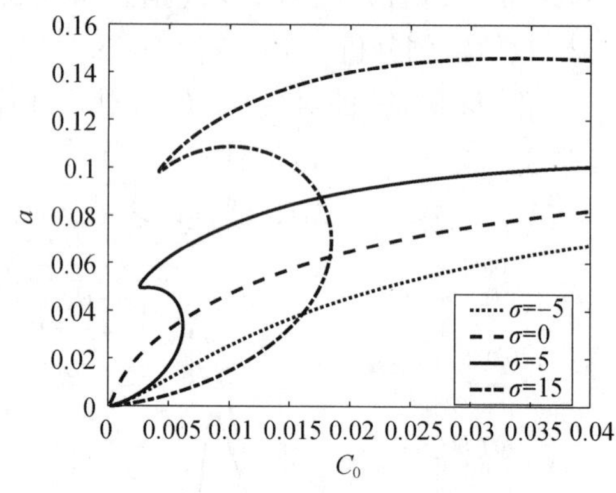

图 3-18　电容-振幅响应曲线

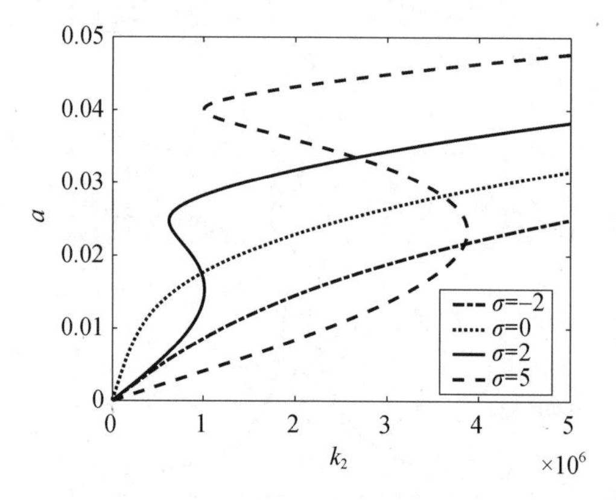

图 3-19　非线性电荷系数 k_2-振幅响应曲线

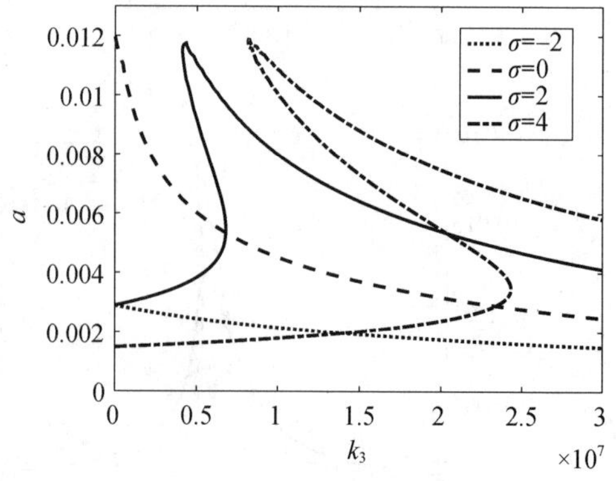

图 3-20　非线性电荷系数 k_3-振幅响应曲线

图 3-21 为电阻-振幅响应曲线，调谐值越大系统的振动幅值滞后性越强，逐渐出现了跳跃现象，与图 3-16（b）比较可知，在 $\sigma=0$ 时，振幅是缓慢减弱的，当电阻增大时，振动幅值减弱，最终均趋近于稳定值。图 3-22 为振幅随电感变化的响应曲线，当调谐值增大，系统的振动幅值减小；当 $\sigma>0$ 时，随着电感的增大系统的振动幅值减小，并趋于稳定；当 $\sigma=0$ 时，随着电感的增大系统的振动幅值增大。

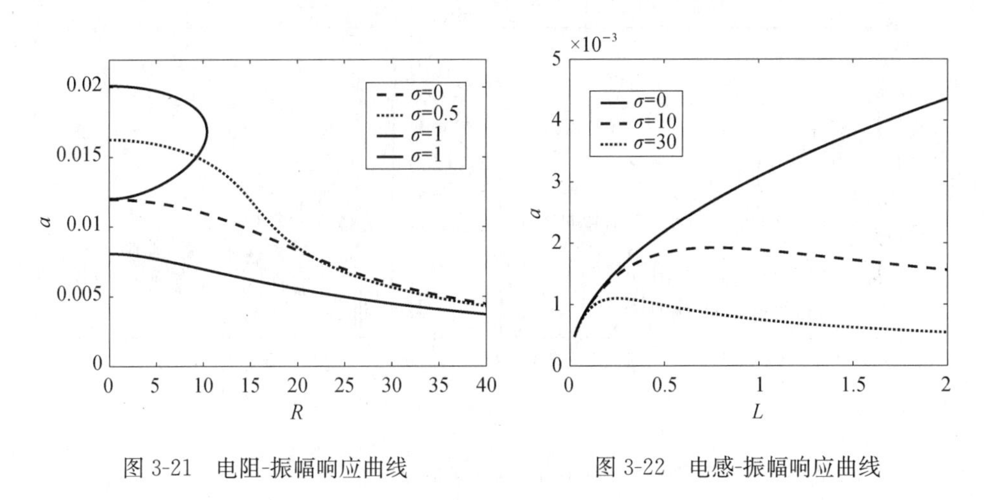

图 3-21　电阻-振幅响应曲线　　　　图 3-22　电感-振幅响应曲线

3. Simulink 仿真分析

Simulink 是一个用来对动态系统进行建模、仿真和分析的软件包。它支持非线性系统、连续和离散时间模型，或者是两者的混合。基于非线性电容的 RLC 串联电路的非线性扭转振动微分方程式（3-50）建立框图，如图 3-23 所示。在 Simulink 的仿真参数选项菜单中选择龙格库塔算法进行数值模拟，通过 Scope 模块和 XY Graph 模块可以得到电荷的时间曲线以及电荷和电流的相图。

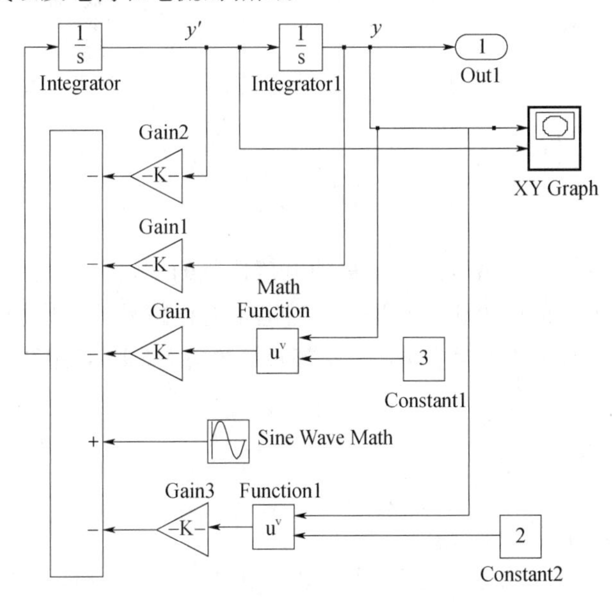

图 3-23　Simulink 模型

图 3-24 是模拟时间为 4s 和 8s 的 2 次超谐共振时间响应曲线，由图可知，随着时间的增加。电荷减少，总体呈减小趋势，最后趋于稳定，这说明在开始时电容的放电振动比较大，慢慢趋于稳定。图 3-25 为模拟时间为 4s 和 8s 的 2 次超谐共振时的电流与电荷相图曲线，由图 3-25 可知，随着时间的增加，相图从外向内逐渐收敛，随着时间的增加，系统电荷减小，电流也随之减小。

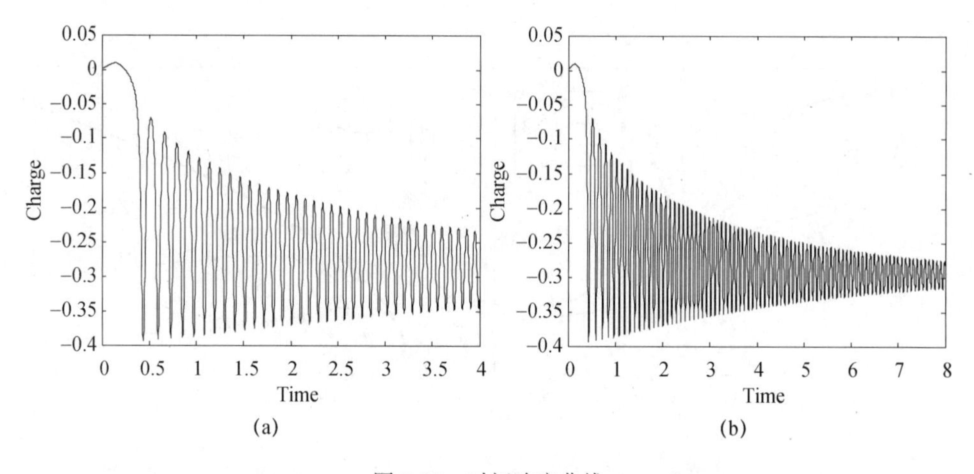

图 3-24　时间响应曲线

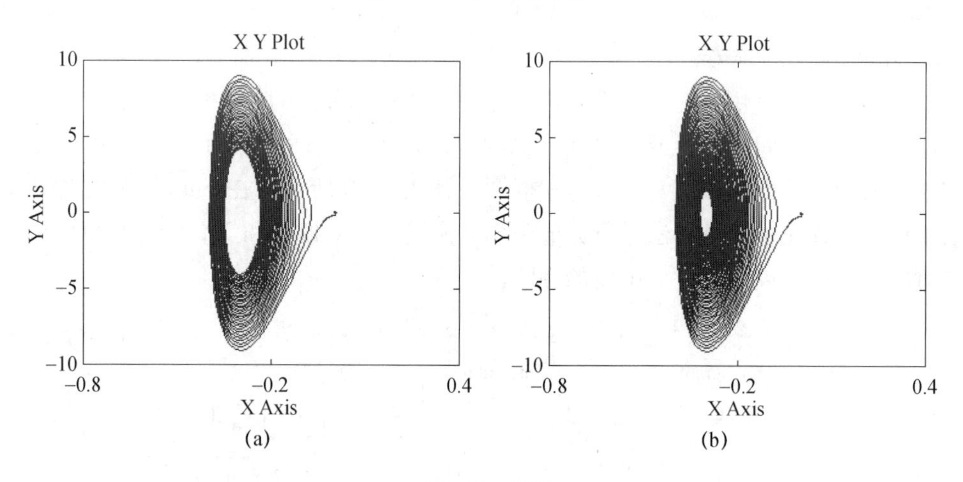

图 3-25　相图

电路中的非线性振动是由电路中的移动电荷造成的，电阻增大电路中的电流减小，同时电荷数减少，振动的振幅相应减小，此时电阻对振幅有抑制作用。当 $\sigma>0$ 时，随着电动势、电容、非线性电荷系数 k_2 与 k_3 等参数的增大，RLC 串联电路的响应曲线具有跳跃现象和滞后现象。

3.3.2　3 次超谐共振

1. 3 次超谐共振理论分析

系统的阻尼力、非线性力与惯性力和线性力相比是小量。所以在它们前面冠以小参数 ε，并令 $\alpha_1=0$。

$$\ddot{q}+\omega_0^2 q=\varepsilon(-2\mu\dot{q}-\alpha_3 q^3)+f\cos\omega t \tag{3-63}$$

应用多尺度法求 3 次超谐共振的一次近似解只需要两个时间尺度 T_0 和 T_1，故设

$$q(T)=q_0(T_0,T_1)+\varepsilon q_1(T_0,T_1) \tag{3-64}$$

将式（3-64）代入式（3-63）并利用导算子表达式 $D_0=\frac{\partial}{\partial T_0}$，$D_1=\frac{\partial}{\partial T_1}$，比较 ε 的同次幂的系数，得到一组线性偏微分方程

$$D_0 q_0+\omega_0^2 q_0=f\cos\omega t \tag{3-65}$$

$$D_0^2 q_1+\omega_0^2 q_1=-2D_0 D_1 q_0-2\mu D_0 q_0-\alpha_3 q_0^3 \tag{3-66}$$

方程（3-65）的解为

$$\phi_{n0}(T_0,T_1)=A(T_1)e^{j\omega_0 T_0}+Be^{j\omega T_0}+cc \tag{3-67}$$

这里 $cc=\bar{A}(T_1)e^{-j\omega_0 T_0}+Be^{-j\omega T_0}$ 为共轭项，其

$$\begin{cases} A(T_1)=\dfrac{a(T_1)}{2}e^{j\beta} \\ B=\dfrac{k_1}{2(\omega_0^2-\Omega^2)} \end{cases} \tag{3-68}$$

将式（3-68）代入式（3-66）得

$$D_0{}^2\phi_{n1}+\omega_0{}^2\phi_{n1}=-[2j\omega_0(D_1 A+\mu A)+6\alpha_3 AB^2+3\alpha_3 A^2\bar{A}+3\alpha_3\bar{A}^2 Be^{j\sigma T_1}]e^{j\omega_0 T_0}+cc \tag{3-69}$$

式中，符号 cc 表示共轭复数

研究系统的 3 次超谐共振，引入调谐参数 σ，由下式确定

$$3\omega=\omega_0+\varepsilon\sigma,\sigma=o(1)$$

由式（3-69）得消除永年项的条件为

$$-[2j\omega_0(D_1 A+\mu A)+6\alpha_3 AB^2+3\alpha_3 A^2\bar{A}+\alpha_3 B^2 e^{j\sigma T_1}]=0 \tag{3-70}$$

将式 $A(T_1)=\frac{a(T_1)}{2}e^{j\beta}$，$\bar{A}(T_1)=\frac{a(T_1)}{2}e^{-j\beta}$ 代入式（3-70），分离实虚部，得到下列极坐标形式的平均方程，令 $(\sigma T_1-\beta)=\varphi$，上式变为

$$\begin{cases} D_1 a=-\mu a-\dfrac{\alpha_3 B^3}{\omega_0}\sin\varphi \\ aD_1\varphi=a\left(\sigma-\dfrac{3\alpha_3 B^2}{\omega_0}\right)-\dfrac{3\alpha_3}{8\omega_0}a^3-\dfrac{\alpha_3 B^3}{\omega_0}\cos\varphi \end{cases} \tag{3-71}$$

相应的一次近似解为

$$\alpha(t)=a(\varepsilon t)\cos[3\omega t-\varphi(\varepsilon t)]+\frac{f}{\omega_0^2-\omega^2}\cos\omega t \tag{3-72}$$

令式（3-71）中 $D_1 a=0$，$D_1\varphi=0$，消去 φ，得到 3 次超谐共振的幅频响应方程

$$\left[\mu^2+\left(\sigma-\frac{3\alpha_3 B^2}{\omega_0}-\frac{3\alpha_3}{8\omega_0}a^2\right)^2\right]a^2=\left(\frac{\alpha_3 B^3}{\omega_0}\right)^2 \tag{3-73}$$

从这方程中解出 σ 为 a 的函数，得

$$\sigma=\frac{3\alpha_3 B^2}{\omega_0}+\frac{3\alpha_3}{8\omega_0}a^2\pm\sqrt{\left(\frac{\alpha_3 B^3}{\omega_0 a}\right)^2-\mu^2} \tag{3-74}$$

与线性情况情况不同，尽管存在着正阻尼，在 $3\omega \approx \omega_0$ 时的自由振动并不衰减到零，而且非线性性质调整了自由振动的频率，使之精确地 3 倍于激励频率，从而响应成为周期的。

2. 数值实例分析

在下面的数值计算中取以下参数：$R=400\Omega$，$E_m=10V$，$L=30H$，$C=0.0001$。由式（3-73）可以计算系统 3 次超谐共振的响应曲线，分析不同参数对响应曲线的影响。

图 3-26（a）为 3 种不同电动势 E 影响下的 3 次超谐共振系统幅频响应曲线，由图 3-36（a）知，随着电动势 E 的增加，系统振幅减小，系统的非线性跳跃越明显，且系统的共振区间及共振幅值均增大。图 3-26（b）3 种不同电阻 R 影响下的 3 次超谐共振系统幅频响应曲线，由图 3-26（b）知，随着电阻的增加，系统的非线性跳跃减弱，系统的共振幅值减小，这是由于电阻增加后电流减弱，非线性也就变弱的缘故。由图 3-26（c)知，随着电感增加，系统的共振区间向左偏移，并明显减小，最大幅值没有变化。由图 3-26（d）知，随着电容 C 增加，系统的共振区间向左偏移，最大幅值没有变化。由此可知，作为供能的电动势和耗能的电阻对系统的振动幅值及共振区间影响比较大；而电容、电感作为储能原件，其数值的变化对系统共振区间移动有影响，但不影响系统的振动幅值。由图 3-26 知，幅频响应曲线具有的跳跃现象和滞后现象，是典型的非线性曲线。

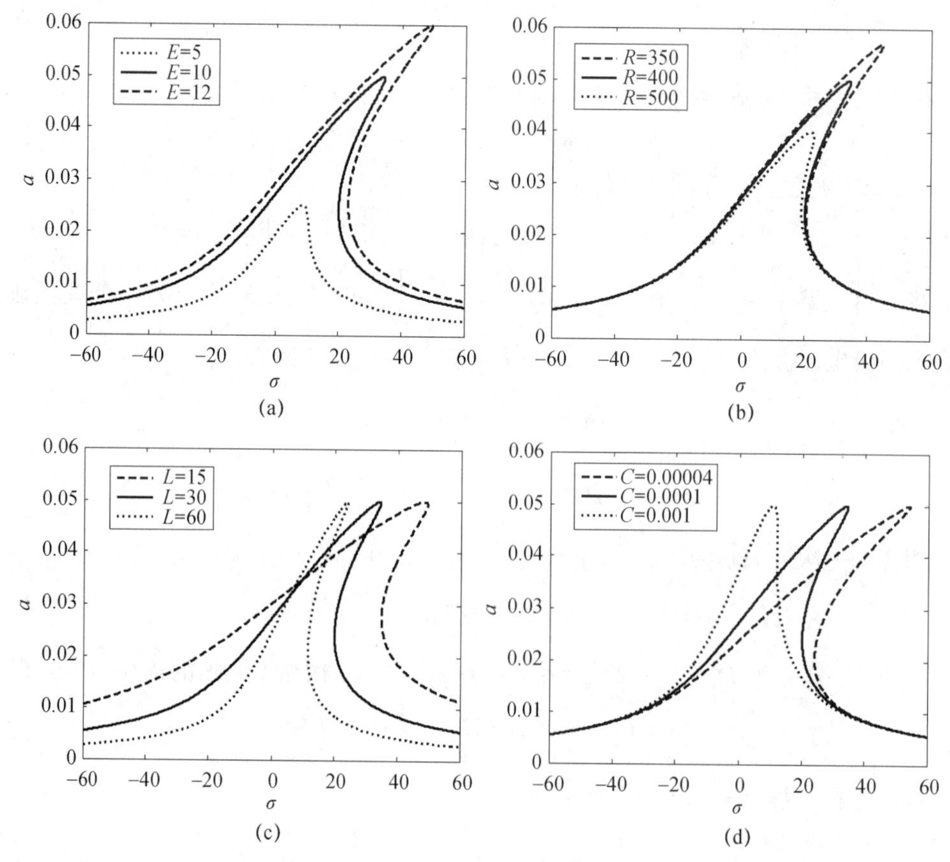

图 3-26　幅频响应曲线

图 3-27 为在不同调谐值 σ 作用下，随电动势 E 的改变下振动响应曲线。在系统电动势 E 小于 15V 时，调谐参数越大，系统振幅波动越强，当电动势超过 15V 之后，系统振动幅值趋于稳定增加。增大电动势值可增大系统 3 次超谐共振的振幅和共振区域；幅频响应曲线具有跳跃现象和滞后现象。图 3-28 为不同调谐值 σ 作用下，随系统电感 L 的改变下振动响应曲线。当调谐值增加，系统的振动幅值滞后越明显，当电感值超过 0.28H 时，对系统的振动幅值影响减小，并趋于稳定。系统的 3 次超谐共振区域对电感十分敏感。系统既有跳跃现象曲线，也存在非跳跃曲线。图 3-29 为不同调谐值 σ 作用下，随系统电荷系数 k_3 的改变下振动响应曲线。随着调谐值的增大，系统在电荷系数影响下的振幅滞后现象越推迟，但随着电荷系数的增加系统振动幅值也逐渐减弱。图 3-30为电容对系统振幅的影响，响应曲线也存在跳跃现象。在 3 组固定参数下均存在最大幅值。在有共振响应的范围内，随着电容的增大，振幅减小。但应注意的是，2 组曲线振幅随电容的增大而减小，表明电容的增大可减小系统的共振响应。

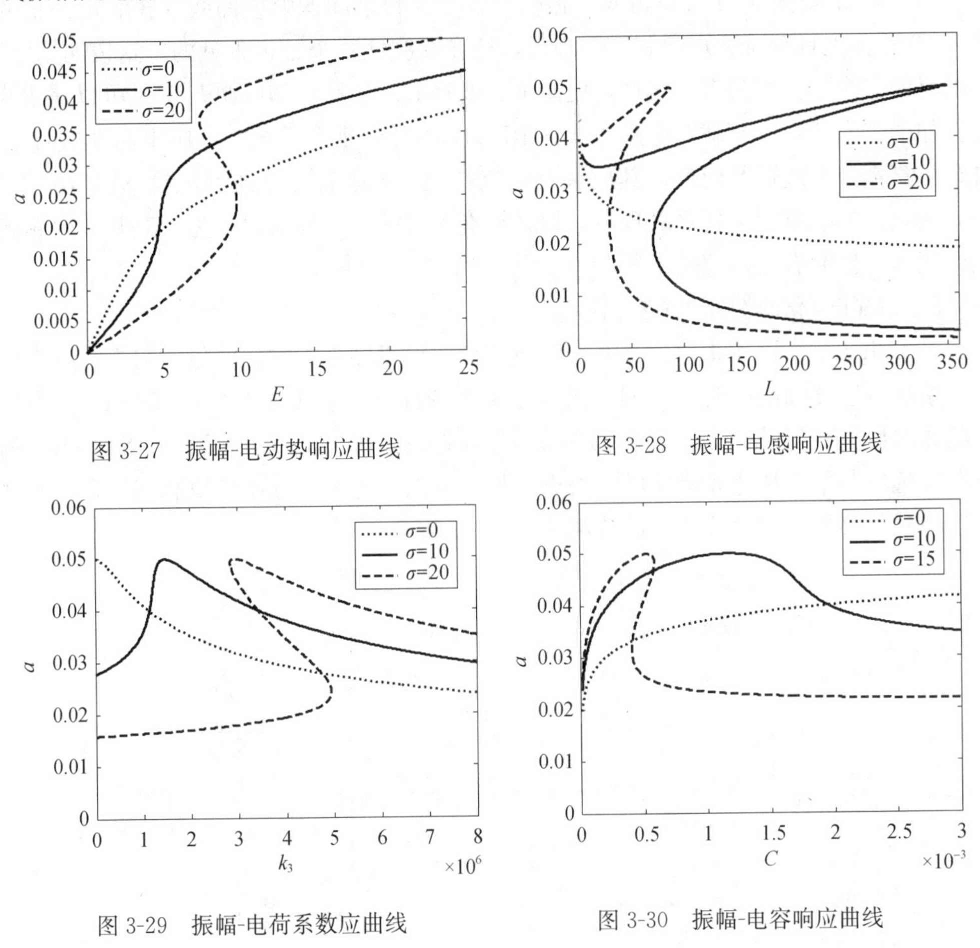

图 3-27　振幅-电动势响应曲线

图 3-28　振幅-电感响应曲线

图 3-29　振幅-电荷系数应曲线

图 3-30　振幅-电容响应曲线

图 3-31 为振幅-电阻响应曲线，3 组给定调谐参数的响应曲线均存在跳跃现象。调谐值越大系统的振动幅值滞后性越强，逐渐出现了跳跃现象，与图 3-26（b）比较可知，在 $\sigma=0$ 时，振幅是缓慢减弱的。当电阻增大时系统的振动幅值减弱，最终趋近于稳定值。

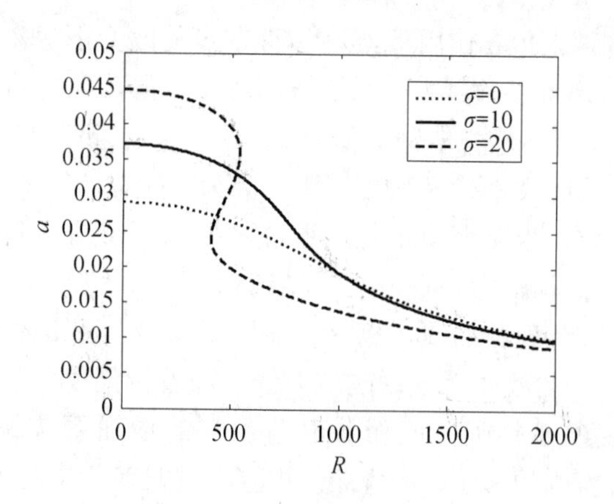

图 3-31　振幅-电阻响应曲线

由图 3-27 至图 3-31 分析可知，振幅与各个参数之间的响应曲线，在满足一定的条件 $\sigma \neq 0$ 时，也具有跳跃现象和滞后现象，这在非线性系统是很少见的，这说明 RLC 串联电路的各个元件都具有非线性，电阻 R、电感 L、电容 C 和电源 E 都是可以是非线性的。如杨志安、崔一辉就对电感非线性 RLC 电路弹簧耦合系统、电阻电感非线性 RLC 电路弹簧耦合系统进行研究，其成果对此就是很好的验证。非线性电容 RLC 串联电路的 3 次超谐共振响应存在跳跃现象，该系统有丰富的非线性动力行为，对其 3 次超谐共振幅频响应研究有实用意义。

3. Simulink 仿真分析

Simulink 是一个用来对动态系统进行建模、仿真和分析的软件包。它支持线性和非线性系统，连续和离散时间模型，或者是两者的混合。基于非线性电容的 RLC 串联电路的非线性扭转振动微分方程式（3-50）建立框图，如图 3-32 所示。在 Simulink 的仿真参数选项菜单中选择龙格库塔算法进行数值模拟，通过 Scope 模块和 XY Graph 模块可以得到位移的时间曲线以及位移和速度的相图。

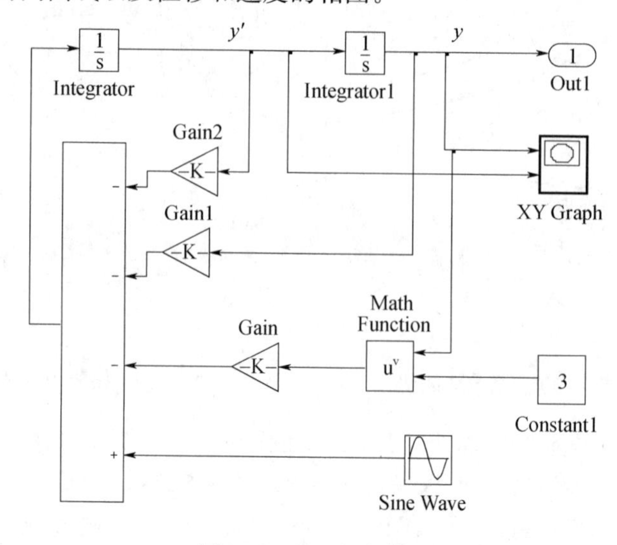

图 3-32　Simulink 模型

图 3-33 是模拟时间为 5s 的 3 次超谐响应曲线，开始的振幅比较大，逐渐稳定。图 3-34 为电流电荷相图，由动态仿真过程可知，随着时间的增加，相图从外向内逐渐收敛，随着时间的增加，系统电流减小，这与数值计算结果是吻合的。

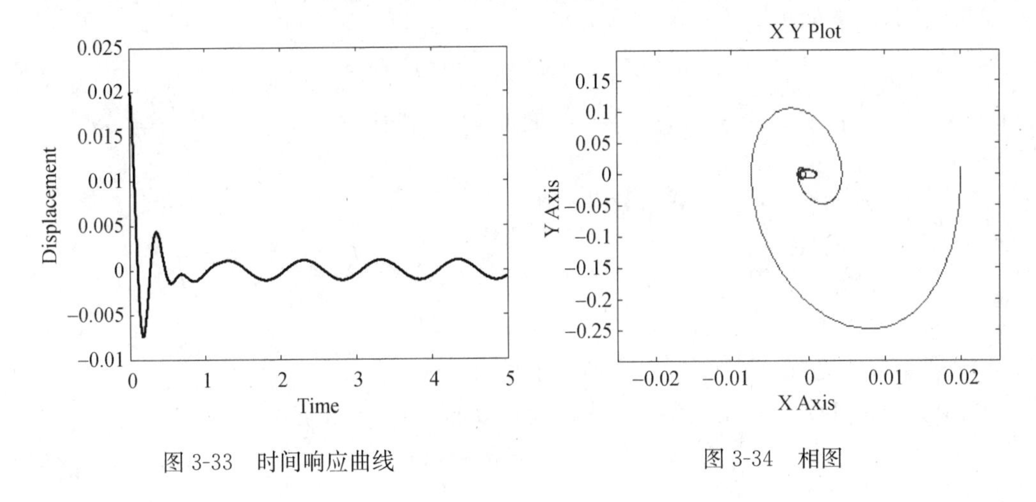

图 3-33　时间响应曲线　　　　图 3-34　相图

3.4　RLC 串联电路的亚谐共振

若系统具有 n 次方非线性，则可能产生 $1/n$ 次亚谐共振。这种高频激励诱发低频共振的现象在工程中屡见不鲜。例如，1956 年，莱夫谢茨（Lefschetz）报道一架飞机的螺旋桨激发出机翼的 1/2 次共振，机翼共振又激发了尾翼的 1/4 次共振，以致飞机被破坏。又如，若隔振系统具有弱非线性，尽管激励频率远高于系统固有频率，仍可能在隔振频段内发生亚谐共振，产生危险。避免上述危险是研究非线性振动的目的之一。

3.4.1　1/2 次亚谐共振

1. 1/2 次亚谐共振理论分析

系统的阻尼力、非线性力与惯性力和线性力相比是小量，所以在式（3-2）前面冠以小参数 ε 有

$$\ddot{q}+\omega_0^2 q=\varepsilon(-2\mu\dot{q}-\alpha_3 q^3)+f\cos\omega t$$

利用多尺度法求解上式，首先引入时间尺度 $T_0=t$，$T_1=\varepsilon t$，ε 是小参数，则有微分算子

$$\frac{\mathrm{d}}{\mathrm{d}t}=D_0+\varepsilon D_1+\cdots$$

$$\frac{\mathrm{d}^2}{\mathrm{d}t^2}=D_0^2+2\varepsilon D_0 D_1+\varepsilon^2(D_1^2+2D_0 D_2)\cdots \tag{3-75}$$

式中，$D_n=\dfrac{\partial}{\partial T_n}$，$n=0$，1，…

设 1/2 次亚谐共振的一次近似解为

$$\alpha(t,\varepsilon)=\alpha_0(T_0,T_1)+\varepsilon\alpha_1(T_0,T_1) \tag{3-76}$$

比较 ε 同次幂的系数得

$$D_0^2 q_0 + \omega_0^2 q_0 = f\cos\omega t \tag{3-77}$$

$$D_0^2 q_1 + \omega_0^2 q_1 = -2D_0 D_1 q_0 - 2\mu D_0 q_0 - \alpha_2 q_0^2 - \alpha_3 q_0^3 \tag{3-78}$$

方程（3-77）的通解为

$$\alpha_0 = A(T_1)e^{j\omega_0 T_0} + Be^{j\omega T_0} + cc \tag{3-79}$$

这里 $cc = \bar{A}(T_1)e^{-j\omega_0 T_0} + Be^{-j\omega T_0}$ 为共轭项，其中 $A(T_1) = \frac{a(T_1)}{2}e^{j\beta}$，$B = \frac{k_1}{2(\omega_0^2 - \omega^2)}$将式（3-79）代入式（3-78）得

$$D_0^2 q_1 + \omega_0^2 q_1 = -[2j\omega_0(D_1 A + \mu A) + 6\alpha_3 AB^2 + 3\alpha_3 A^2 \bar{A}]e^{j\omega_0 T_0} - \alpha_2 2\bar{A}Be^{j(\omega-\omega_0)T_0} + cc + NNT \tag{3-80}$$

符号 cc 表示共轭复数，NNT 表示不产生永年项的项。

研究系统的1/2次亚谐共振，引入调谐参数 σ，由下式确定：

$$\omega = 2\omega_0 + \varepsilon\sigma, \sigma = o(1) \tag{3-81}$$

消除永年项的条件为

$$-[2j\omega_0(D_1 A + \mu A) + 6\alpha_3 AB^2 + \alpha k_3 A^2 \bar{A} + 2\alpha_2 \bar{A}Be^{j\sigma T_1}] = 0 \tag{3-82}$$

将式 $A(T_1) = \frac{a(T_1)}{2}e^{j\beta}$，$\bar{A}(T_1) = \frac{a(T_1)}{2}e^{-j\beta}$ 代入式（3-82），分离实虚部，令 $(\sigma T_1 - 2\beta) = \varphi$，得到下列极坐标形式的确定振幅 a 和相位 φ 微分方程：

$$\begin{cases} D_1 a = -\mu a - \dfrac{\alpha_2}{\omega_0} aB\sin\varphi \\ aD_1\varphi = a\sigma - \dfrac{6\alpha_3}{\omega_0} aB^2 - \dfrac{3\alpha_3}{4\omega_0} a^3 - \dfrac{2\alpha_2}{\omega_0} aB\cos\varphi \end{cases} \tag{3-83}$$

得相应的一次近似解为

$$\alpha(t) = a(\varepsilon t)\cos\left[\frac{\omega t - \varphi(\varepsilon t)}{2}\right] + \frac{f}{\omega_0^2 - \omega^2}\cos\omega t + O(\varepsilon) \tag{3-84}$$

式中 a 和 φ 由（3-83）给出。

令 $D_1 a = 0$，$D_1 \varphi = 0$，两式平方相加得到

$$\begin{cases} 4\mu^2 + \left(\sigma - \dfrac{6\alpha_3}{\omega_0} B^2 - \dfrac{3\alpha_3}{4\omega_0} a^2\right)^2 = \left(\dfrac{2\alpha_2 B}{\omega_0}\right)^2 \\ a = 0 \end{cases} \tag{3-85}$$

产生上述1/2亚谐共振的原因是Duffing系统具有平方非线性。这种高频激励诱发低频共振的现象在工程中屡见不鲜。避免危险是研究非线性振动的目的之一。

2. 1/2次亚谐共振数值分析

在下面的数值计算中取以下参数：$R=400\Omega$，$E_m=10\text{V}$，$L=30\text{H}$，$C=0.0001$，由式（3-85）可以计算系统1/2次亚谐共振的响应曲线，分析不同参数对响应曲线的影响。

图3-35是1/2次亚谐共振的幅频响应曲线，实线的振幅大，渐近稳定，虚线的振幅小且不稳定；随着调谐幅值的增加，幅值增加最后趋于稳定。图3-35（a）为3种不

同电动势的幅频响应曲线，随着电动势的增加，系统的共振区间增大，但共振幅值减小。图 3-35（b）为 2 种不同电阻的幅频响应曲线，随着电阻的增加，系统的共振区域减小，共振幅值的上边曲线下移，下边曲线上移，向里边瘦了一圈。这是由于电阻增加后电流减弱，非线性也就变弱的缘故。由图 3-35（c）知，随着电感增加，系统幅值增加得越来越快，共振区域减小并向右偏移。由图 3-35（d）知随着电容增加，系统的共振区间增大且向左偏移，共振幅值减小了但幅度不大，最终会趋于同一范围值。由图 3-35（e）和图 3-35（f）电荷系数的幅频响应曲线。电荷系数 k_3 不仅影响振动幅值的变化趋势，还影响共振区域的偏移，这与图 3-35（c）类似。电荷系数 k_2 只影响共振区域，振动幅值的增长趋势并未变化，这与图 3-35（b）类似。由此可知，电动势、电容、电感的数值的变化对系统共振区间和振幅均有影响系统。

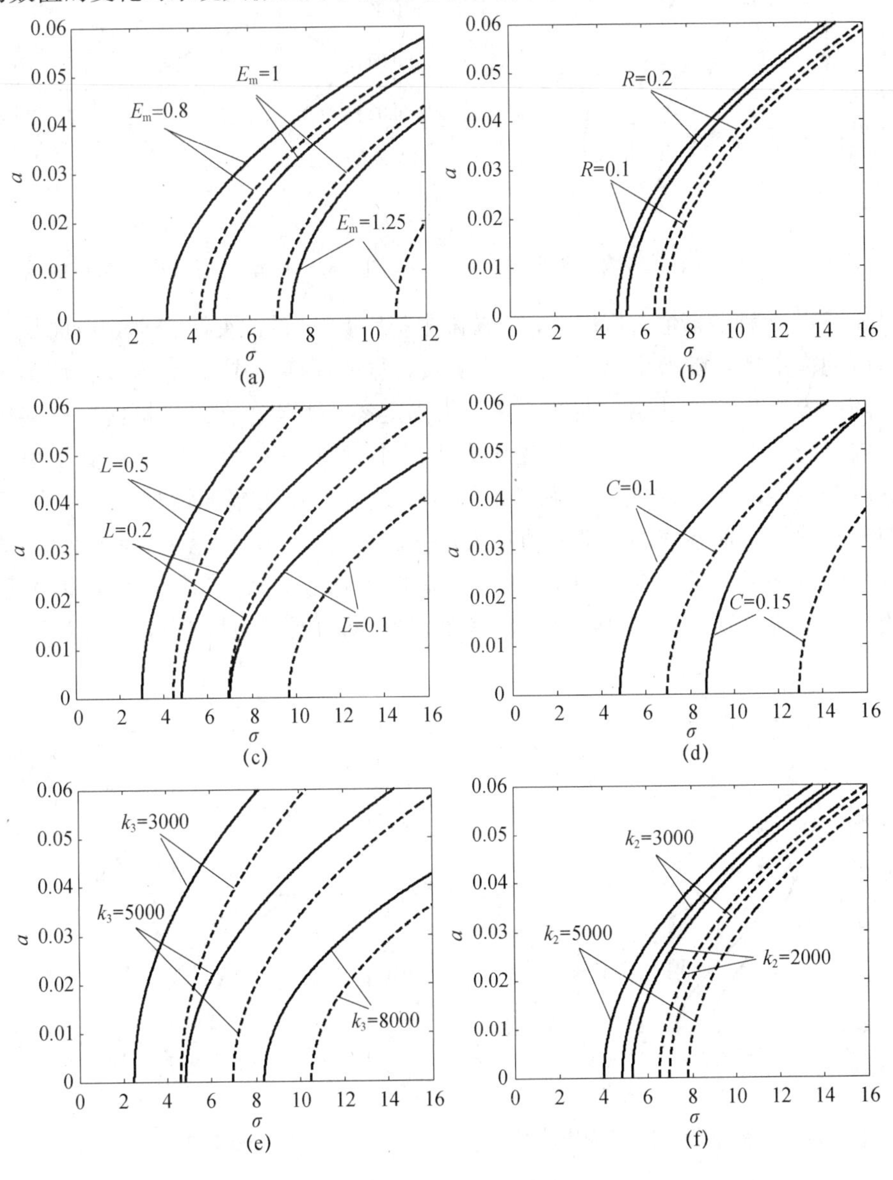

图 3-35　幅频响应曲线

图 3-36 为在 2 种调谐值作用下，随电动势变化的振动响应曲线。在有共振响应的范围内，随着电动势的增大，振幅减小，只有在共振区域内才有解。图 3-36 为 3 种调谐值 σ 作用下，系统随电荷系数 k_2 的改变下振动响应曲线。在共振响应的范围内，随着电荷系数 k_2 的增大，振幅增大；当调谐值 $\sigma>0$ 时，幅频响应曲线具有跳跃现象和滞后现象；在调谐值 $\sigma\leqslant 0$ 时，系统振动幅值逐渐增加，趋于稳定，跳跃现象和滞后现象消失。

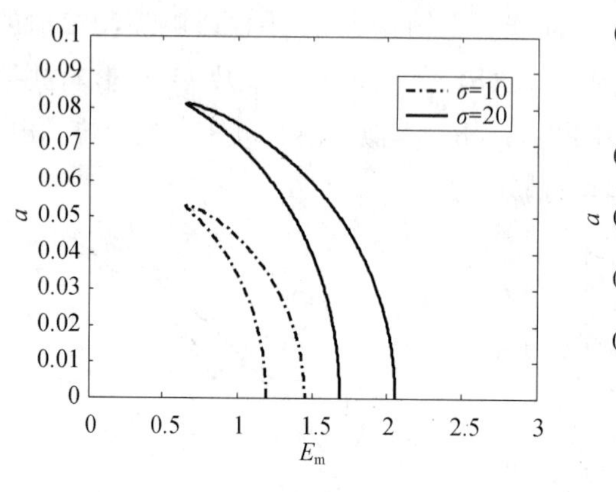

图 3-36　振幅-电动势响应曲线

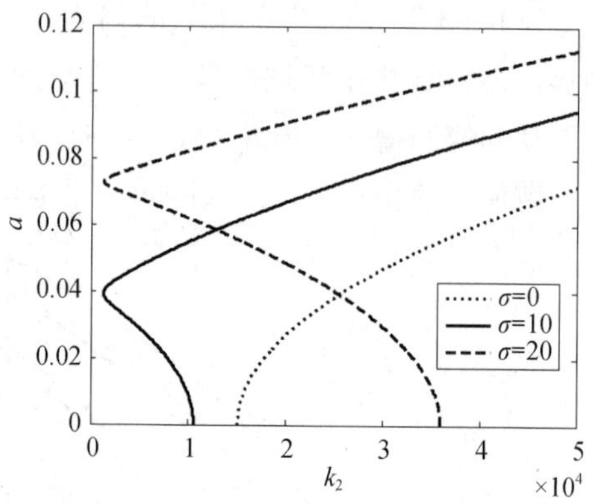

图 3-37　振幅-电荷系数 k_2 响应曲线

图 3-38 为 2 种调谐值 σ 作用下，系统随电荷系数 k_3 的改变下振动响应曲线。在有共振响应的范围内，随着电荷系数 k_3 的增大，振幅减小。图 3-39 为 3 种调谐值 σ 作用下，随电容变化的振动响应曲线。在 3 组固定参数下均存在最大幅值。在共振响应的范围内，随着电容的增大，振幅先增大再减小。图 3-40 为 3 种调谐值作用下随系统电感改变的振动响应曲线。当调谐值增加，系统的振动幅值增加，当调谐值 $\sigma>0$ 时，随着电感的增加系统的振动幅值增大，并趋于稳定。系调谐值 $\sigma=20$ 时，图线由原来的两值合并成一条图线。图 3-41 为振幅-电阻响应曲线，3 组给定调谐参数的响应曲线均存在跳跃现象。调谐值越大，系统的振动幅值滞后性越强，逐渐出现了跳跃现象。

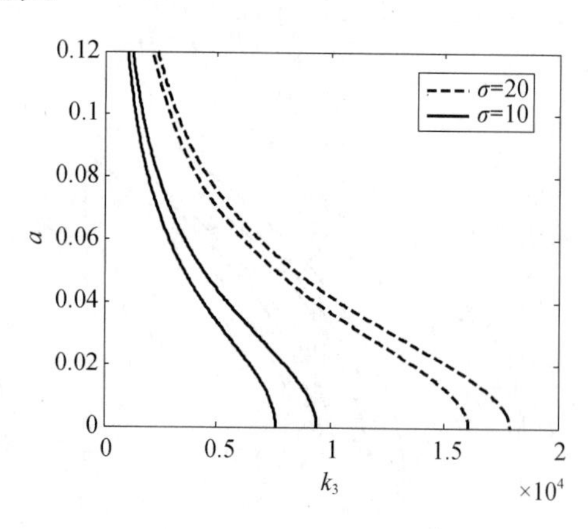

图 3-38　振幅-电荷系数 k_3 响应曲线

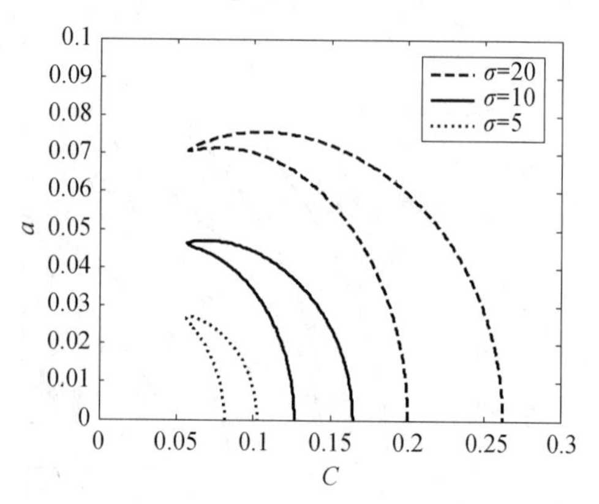

图 3-39　振幅-电容响应曲线

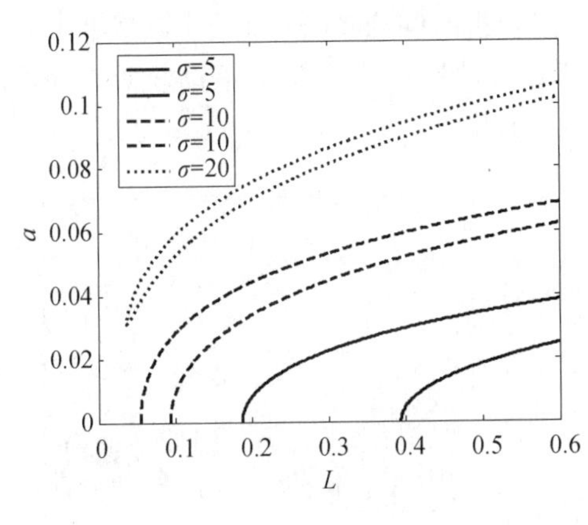

图 3-40　振幅-电感响应曲线

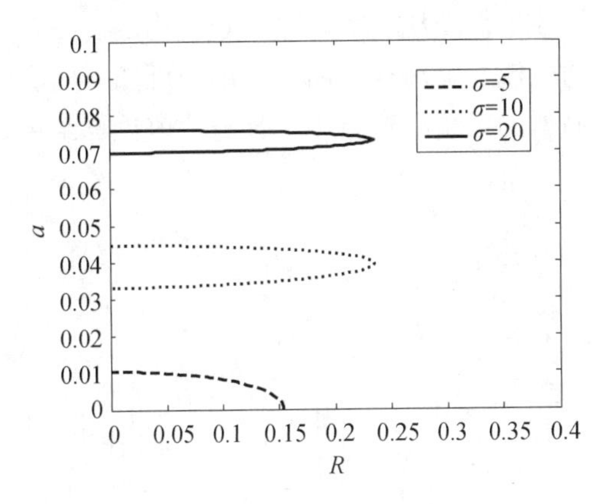

图 3-41　振幅-电阻响应曲线

由图 3-36 至图 3-41 分析可知，在满足一定的条件 $\sigma \geqslant 0$ 时，振幅与各个参数之间的响应曲线，也具有跳跃现象和滞后现象，这在非线性系统是很少见的。

3. Simulink 仿真分析

Simulink 是一个用来对动态系统进行建模、仿真和分析的软件包。它支持线性和非线性系统，连续和离散时间模型，或者是两者的混合。基于非线性电容的 RLC 串联电路的振动微分方程式（3-75）建立框图，如图 3-42 所示。在 Simulink 的仿真参数选项菜单中选择龙格库塔算法进行数值模拟，通过 Scope 模块和 XY Graph 模块可以得到位移的时间曲线以及位移和速度的相图。

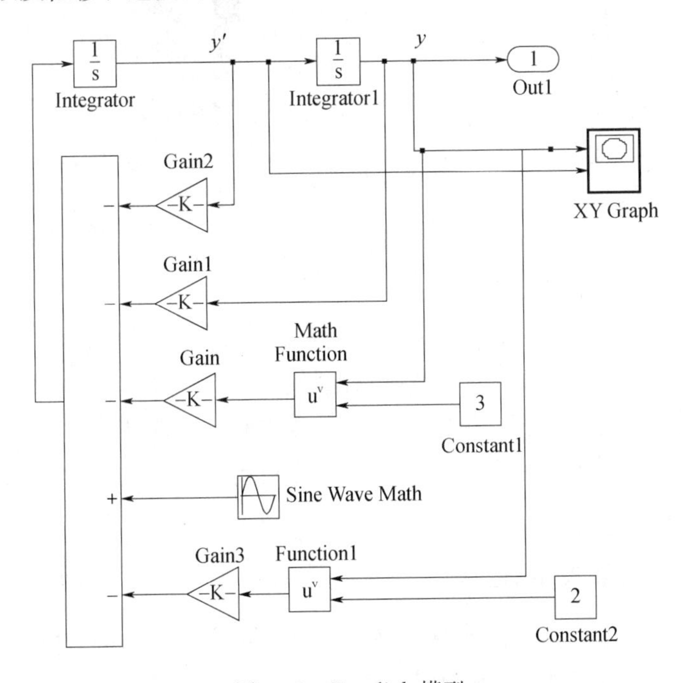

图 3-42　Simulink 模型

图 3-43 是模拟时间为 2s 和 6s 的 1/2 次亚谐共振时间响应曲线，由图可知，随着时间的增加电流减小增大交替出现，总体呈减小趋势，最后趋于稳定，这说明在开始时电

容的放电振动比较大，最后趋于稳定。图 3-44 为模拟时间为 2s 和 6s 的 1/2 次亚谐共振时的电流与电荷相图曲线，由图可知，随着时间的增加相图从外向内逐渐收敛，随着时间的增加系统电流减小，这与数值计算结果是吻合的。

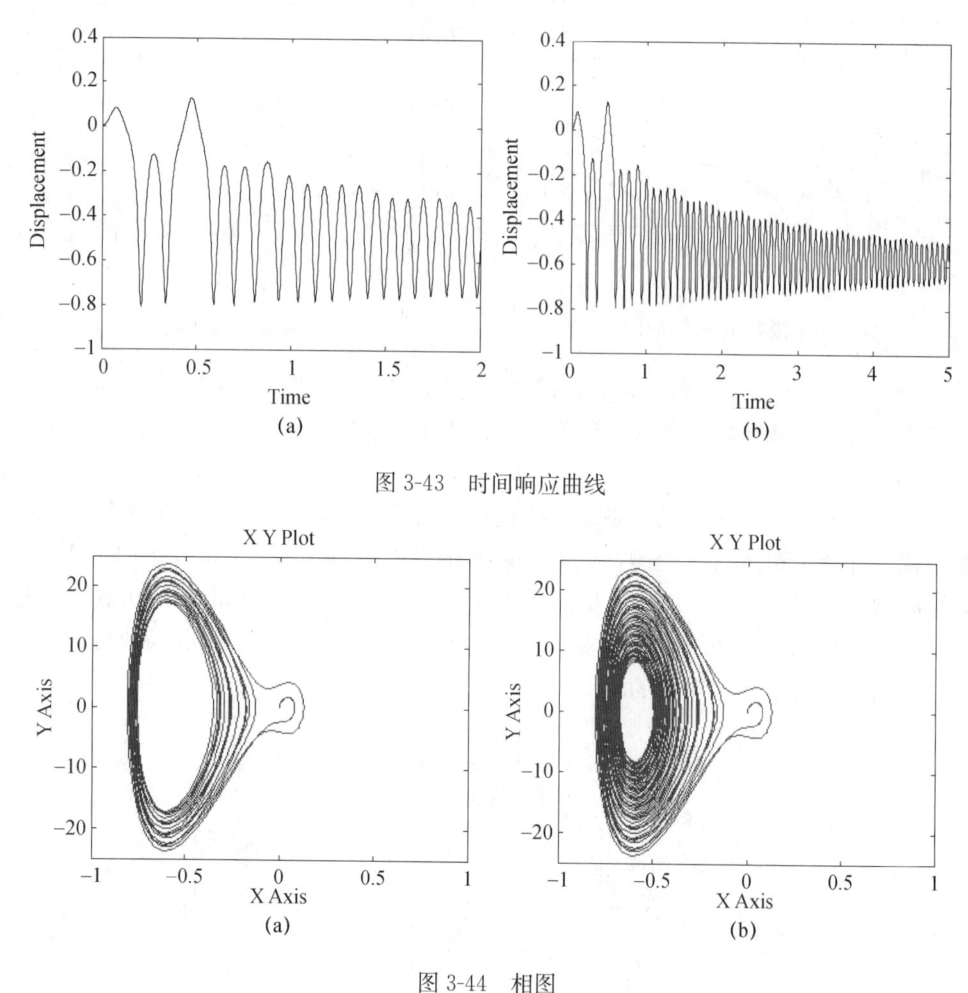

图 3-43　时间响应曲线

图 3-44　相图

电阻对 1/2 次亚谐共振区有抑制作用；1/2 次亚谐共振系统的振幅随着电动势的增加不断增大，并且共振区增大。结合实际情况对曲线进行分析，得到本文结论，对此类机构的动态设计具有指导意义。振幅与各个参数之间的响应曲线，在满足一定的条件时，有跳跃现象和滞后现象出现，在非线性系统是很少见的。非线性电容 RLC 串联电路有丰富的非线性动力行为。

3.4.2　1/3 次亚谐共振

杨庆怡研究非线性介观电路的量子效应，提出非线性电阻的 RLC 串联电路模型，在电路发生微小电流变化的条件下利用正则变换的方法对电路进行量子化，并以二极管的伏安特性为例分析非线性电阻对涨落产生的影响。本节利用多尺度法研究电路的亚谐共振现象。

1. 1/3 次亚谐共振的平均方程

研究 1/3 次亚谐共振问题时，由于系统的阻尼力、非线性力是小量，前面冠以小参数 ε

$$\ddot{q}+\omega_0^2 q=\varepsilon(-2\mu\dot{q}-\alpha_2 q^2-\alpha_3 q^3)+f\cos\omega t \tag{3-86}$$

应用多尺度法求 1/3 亚谐共振时只需要 2 个时间尺度 T_0 和 T_1，故设

$$q(t)=q_0(T_0,T_1)+\varepsilon q_1(T_0,T_1) \tag{3-87}$$

将式（3-87）代入式（3-86）比较 ε 的同次幂的系数，得到

$$D_0 q_0+\omega_0^2 q_0=f\cos\omega T_0 \tag{3-88}$$

$$D_0^2 q_1+\omega_0^2 q_1=-2D_0 D_1 q_0-2\mu D_0 q_0-\alpha_2 q_0^2-\alpha_3 q_0^3 \tag{3-89}$$

方程（3-88）的解为

$$q_0(T_0,T_1)=A(T_1)\mathrm{e}^{j\omega_0 T_0}+B\mathrm{e}^{j\omega T_0}+cc \tag{3-90}$$

式中，$cc=A(T_1)\mathrm{e}^{-j\omega_0 T_0}+B\mathrm{e}^{-j\omega T_0}$ 为共项，其

$$A(T_1)=\frac{a(T_1)}{2}\mathrm{e}^{j\beta}\quad B=\frac{f}{2(\omega_0^2-\omega^2)} \tag{3-91}$$

研究系统的 1/3 次亚谐共振，引入调谐参数 σ

$$\omega=3\omega_0+\varepsilon\sigma,\sigma=o(1)$$

将上式和式（3-91）代入式（3-89）得

$$D_0{}^2 q_1+\omega_0{}^2 q_1=-[2j\omega_0(D_1 A+\mu A)+6\alpha_3 AB^2+3\alpha_3 A^2\bar{A}+3\alpha_3\bar{A}^2 B\mathrm{e}^{j\sigma T_1}]\mathrm{e}^{j\omega_0 T_0}+NET \tag{3-92}$$

式中，符号 NET 表示共轭复数，这可理解为周期激励下的无阻尼系统。上式右端不能出现含有 $\mathrm{e}^{j\omega_0 T_0}$ 或 $\mathrm{e}^{-j\omega_0 T_0}$ 这样的项。式（3-92）右端的傅里叶（Fourier）系数为零可得

$$-[2j\omega_0(D_1 A+\mu A)+6\alpha_3 AB^2+3\alpha_3 A^2\bar{A}+3\alpha_3\bar{A}^2 B\mathrm{e}^{j\sigma T_1}]=0 \tag{3-93}$$

由式（3-93）得到极坐标形式下一次近似解的微分方程。令（$\sigma T_1-3\beta$）$=\varphi$，可得 1/3 次亚谐共振的自治系统微分方程

$$\begin{cases} D_1 a=-\mu a-\dfrac{3\alpha_3 B}{4\omega_0}a^2\sin\varphi \\ aD_1\varphi=a\left(\sigma-\dfrac{9\alpha_3 B^2}{\omega_0}\right)-\dfrac{9\alpha_3}{8\omega_0}a^3-\dfrac{9\alpha_3 B}{4\omega_0}a^2\cos\varphi \end{cases} \tag{3-94}$$

相应的一次近似解为

$$\alpha(t)=a(\varepsilon t)\cos\frac{\omega t-\varphi(\varepsilon t)}{3}+\frac{f}{\omega_0^2-\omega^2}\cos\omega t \tag{3-95}$$

2. 方程的定常解及其存在条件

令式（3-94）中的 $D_1 a=0$，$D_1\varphi=0$，消去 φ，得到 1/3 次亚谐共振的幅频响应方程

$$a=0,9\mu^2+\left(\sigma-\frac{9\alpha_3 B^2}{\omega_0}-\frac{9\alpha_3}{8\omega_0}a^2\right)^2=\left(\frac{9\alpha_3 Ba}{4\omega_0}\right)^2 \tag{3-96}$$

这是关于 a^2 的二次代数方程，可解出 a^2。由于 q 总是正的，且仅当 $p>0$ 且 $p^2\geqslant q$ 时，才存在 1/3 次亚谐共振的振幅。这些条件要求 α 和 σ 必须是同号，且 $\sigma>0$。1/3 次亚谐共振发生在激励频率 ω 略高于 $3\omega_0$ 的频段上，对于给定的 σ 值，存在非平凡解的必要条件，仅当

$$\left|\frac{63\alpha_3}{4\omega_0}\left(\frac{4F\cos\theta}{n\pi\rho A}\frac{1}{2(\omega_0^2-\omega^2)}\right)^2-\sigma\right|\leqslant\sqrt{\sigma^2-63\mu^2} \tag{3-97}$$

对于$a>0$时，边界表示于图3-45上，尽管存在电阻，系统仍旧可以使自由振动项不衰减到零。图3-45给出电阻$R=0.02\Omega$和$R=0.002\Omega$时，存在1/3次亚谐共振的平凡解的区域，电动势E_m和调谐值σ的关系。随着电阻R的增加，发生共振的区域减小。图3-46是给定电动势$E_m=30V$，对应电阻$R=0.02\Omega$和$R=0.002\Omega$的幅频响应曲线。

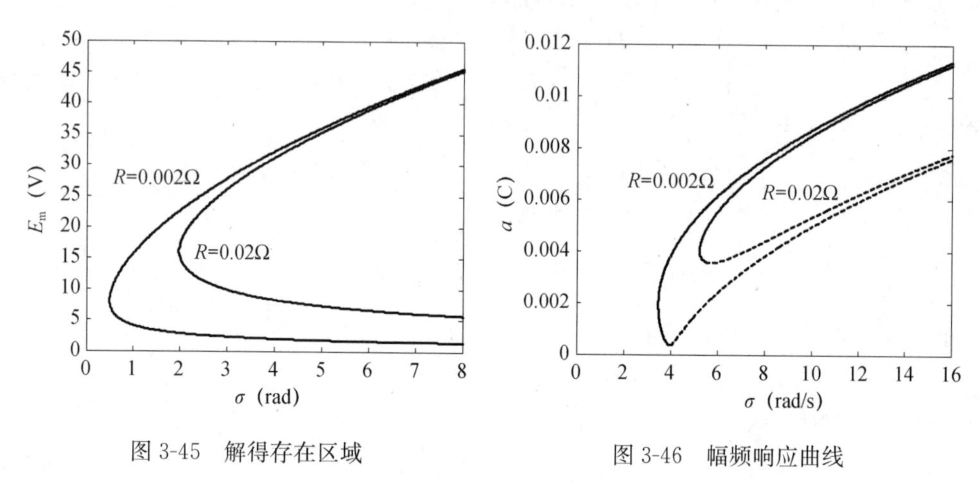

图3-45　解得存在区域

图3-46　幅频响应曲线

3. 定常解的稳定性

应用Routh-Hurwitz判据分析RLC串联电路1/3次亚谐共振的稳定性，将方程(3-94)在(a,φ)处线性化，形成关于扰动量Δa和$\Delta\varphi$的自治微分方程

$$D_1\Delta a=-\left(\mu+\frac{3\alpha_3 B}{2\omega_0}a\sin\varphi\right)\Delta a-\frac{3\alpha_3 B}{4\omega_0}a^2\cos\varphi\Delta\varphi$$

$$D_1\Delta\varphi=-\frac{9\alpha_3}{4\omega_0}(a+B\cos\varphi)\Delta a+\frac{9\alpha_3 B}{4\omega_0}a\sin\varphi\Delta\varphi \tag{3-98}$$

消去上两式中的φ，得到关于特征根λ特征方程，由于$\mu>0$由条件Routh-Hurwitz判据可得定常解稳定的条件为

$$-3\mu^2+\frac{a}{3}\left(\sigma-\frac{9\alpha_3}{8\omega_0}a^2-\frac{9\alpha_3 B^2}{\omega_0}\right)\left[\frac{1}{a}\left(\sigma-\frac{9\alpha_3 B^2}{\omega_0}\right)+\frac{9\alpha_3}{8\omega_0}a\right]<0 \tag{3-99}$$

4. 数值分析

利用1/3次亚谐共振的幅频响应方程式(3-96)可以计算系统的幅频响应曲线，根据Routh-Hurwitz判定幅频响应稳定性，并将稳定的用实线表示，不稳定幅值用虚线表示。在下面的数值计算中取以下参数：$R=0.002\Omega$，$E_m=30V$，$L=0.016H$，$C_0=0.001F$。

图3-46和图3-47均为RLC串联电路的1/3次亚谐共振的幅频响应曲线，若调谐值一定，1/3次亚谐共振也会出现多个振动幅值；RLC串联电路的1/3次亚谐共振的振幅随调谐值的增大而增大。图3-47(a)随着电动势值增大，1/3次亚谐共振振幅减小；图3-47(b)为电感变化时的幅频响应曲线，电感增大，1/3次亚谐共振振幅增大；图3-47(c)为电容变化时的幅频响应曲线，电容增大，1/3次亚谐共振振幅增大。图3-46

为电阻变化时的幅频响应曲线，随着电阻增大振幅和共振区域都减小。

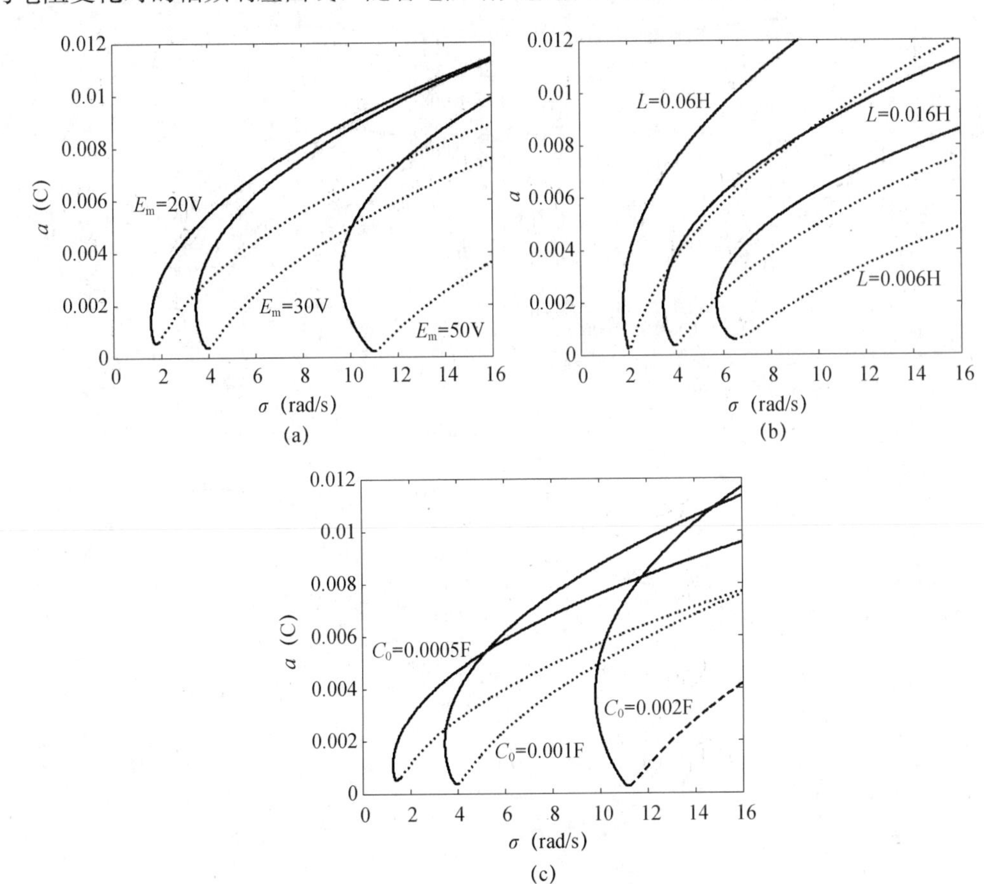

图 3-47　幅频响应曲线

图 3-48 为振幅响应曲线，当横坐标不同时，图像的形状有变化。图 3-48（a）为振幅-电阻响应曲线，在每组调谐参数下均存在最大电阻值，当电阻在图示范围内，RLC 串联电路才会发生 1/3 次亚谐共振响应，若超过最大电阻值，将不会出现 1/3 次亚谐共振响应。图 3-48（b）为振幅-电动势响应曲线，在 3 组调谐参数下，有 3 个电动势范围，当电动势在图中范围内，RLC 串联电路才会发生 1/3 次亚谐共振响应，否则就不会发生 1/3 次亚谐共振；且当一组参数固定时，系统的 1/3 次亚谐共振会出现多个振动幅值。图 3-48（c）为振幅-电感响应曲线，随着调谐参数增加，振幅增加，RLC 串联电路的共振区域上移；随着电感增加，振幅也增加。图 3-48（d）为振幅-电容响应曲线，与图 3-48（b）相似，在不同调谐参数下，存在不同的电容范围，RLC 串联电路的电容在此范围内时，才会产生 1/3 次亚谐共振；且当 $\sigma=4$ 时，RLC 串联电路的 1/3 次亚谐共振会出现 2 个振动幅值。在共振响应的范围内，随着电容的增大，振幅先增大再减小。图 3-48（e）为振幅-非线性电容系数响应曲线，随着调谐参数时，系统的共振区域上移；随着电容非线性系数的增加，振动幅值减小。

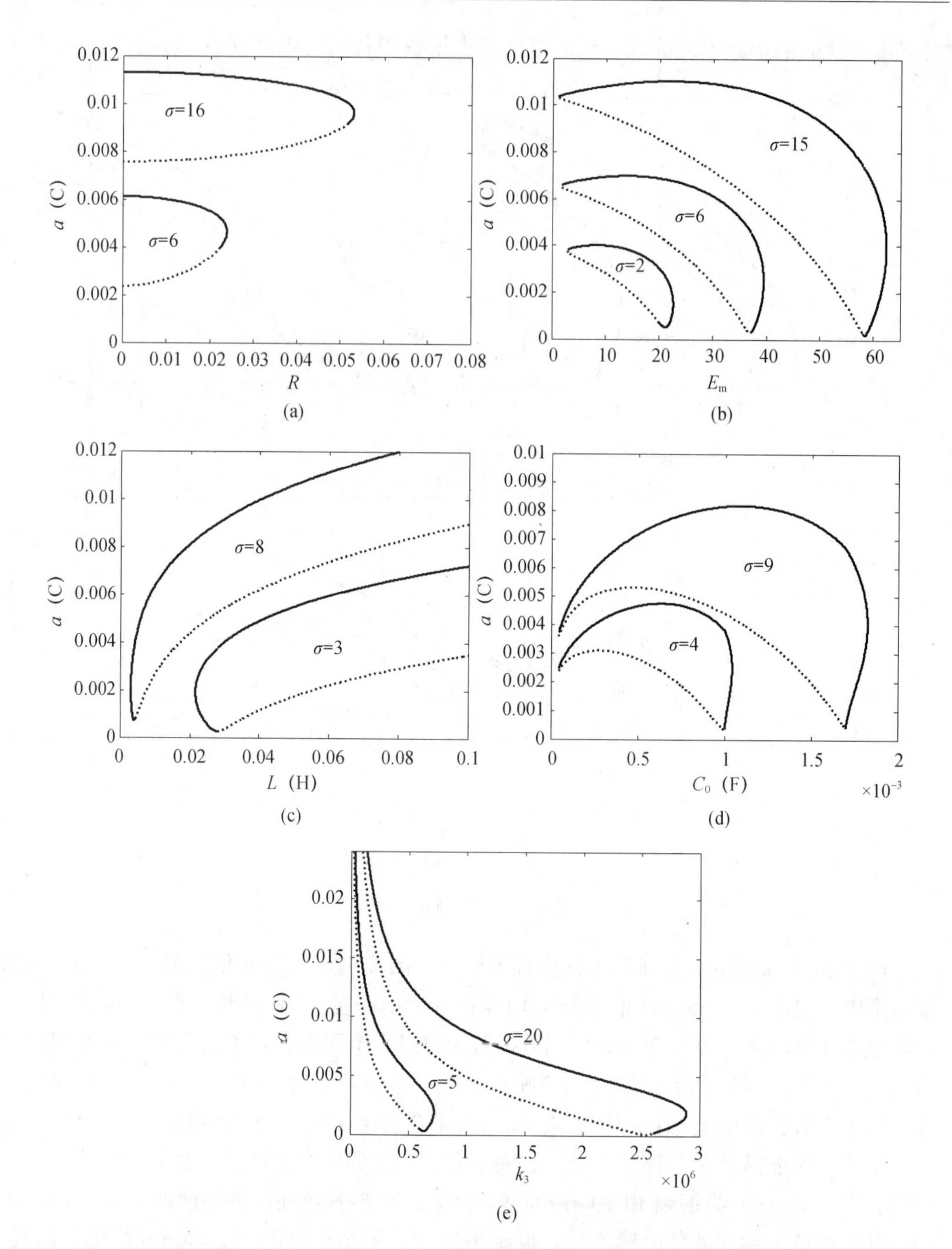

图 3-48 振幅-电阻响应曲线

虽然存在电阻，电路中的电荷是不为零的。在稳态下，非线性项 $\alpha_3 q^3$ 将自由振动项的频率调节到激励频率的 1/3，从而使响应成为周期的。

综上所述，RLC 串联电路在 1/3 次亚谐共振情形下不存在跳跃现象。由以上各曲线均可知，非线性电容 RLC 串联电路具有丰富的非线性动力学现象，尽管激励的频率 3 倍于系统的固有频率，但振动响应还相当大。对 RLC 串联电路 1/3 次亚谐共振幅频响应研究有现实意义。

5. Simulink 仿真分析

Simulink 已经成为动态系统建模和仿真领域中应用最为广泛的软件之一。Simulink 可用来对非线性系统进行仿真。基于 RLC 串联电路非线性振动微分方程式（3-86）建立框图，如图 3-49 所示，在 Simulink 的仿真采用龙格库塔算法进行数值模拟，通过 Scope 模块和 XY Graph 模块可以得到位移的时间曲线、位移和速度的相图。

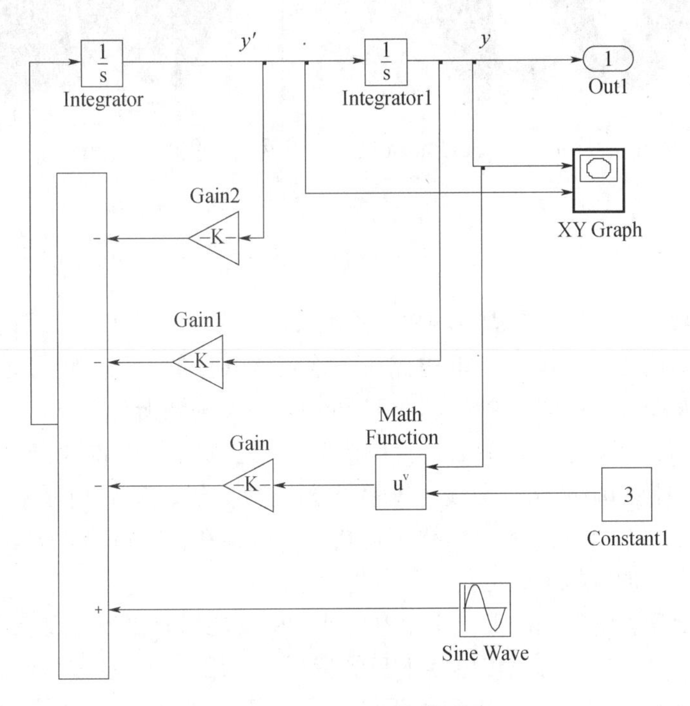

图 3-49　Simulink 模型

图 3-50 是模拟时间分别为 5s 和 15s 的 RLC 串联电路 1/3 次亚谐共振的时间响应曲线，电流随时间的增加而减小，慢慢趋于稳定。这说明在电路接通时电容开始存电，振动幅值比较大。图 3-51 为电流与电荷的 1/3 次亚谐共振相图曲线，时间增加，相图从外向内逐渐收敛、系统电流减小。

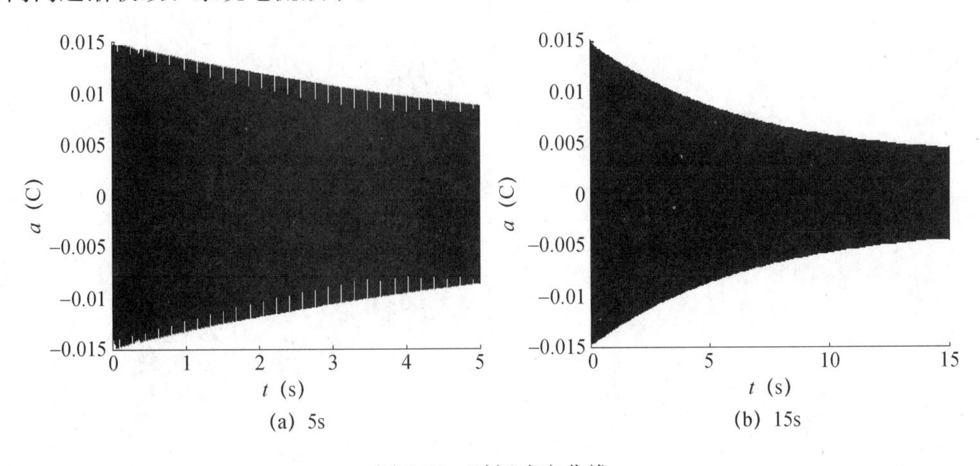

图 3-50　时间响应曲线

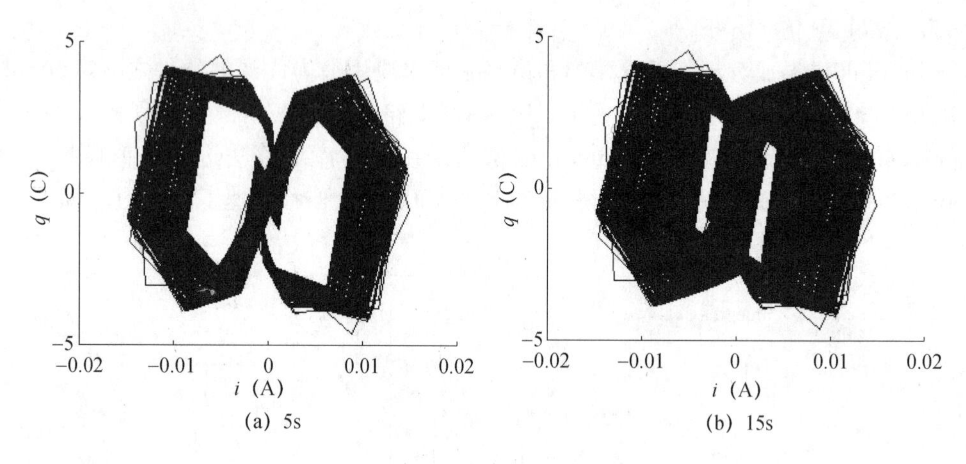

图 3-51 相图

尽管激励频率3倍于系统固有频率，系统共振响应还是很明显。通过分析参数对幅频响应曲线的影响可知：RLC串联电路1/3次亚谐共振的振幅，随着电动势、电感和电容的增加不断增大。由图3-49至图3-51可知，在不同调谐参数下，有不同的电动势范围、电容范围、电阻范围，参数在范围内时，才会发生1/3次亚谐共振，否则就不会。RLC串联电路的幅频响应曲线、振幅-电阻响应曲线、振幅-电感响应曲线、振幅-电动势响应曲线、振幅-电容响应曲线等均具有多解存在。Simulink仿真表明随着时间的增加电流减小，最后趋于稳定。

在机电耦合动力学的基础上，应用电场能、磁场能以及机械能建立RLC电路的机电耦联系统模型，并且考虑了传感器本身的特征，采用Lagrange-Maxwell方程建立系统的运动微分方程，RLC串联电路的混沌分岔、超谐共振、亚谐共振等动力学现象，分析非线性电容系统参数对各类传感器非线性振动特性的影响，从而提高测量精度，所得结论为传感器研制中的安全性、可靠性及敏感度设计提供参考，可进行结构优化。

第 4 章　RLC 电路与弹簧耦合动力学

随着电子技术的发展，更多电-磁耦合系统的应用越来越广泛，变压器和电子发电机是典型的耦合系统。这些耦合系统有丰富的非线性动力学现象，如分叉、次谐波振荡、多值、自触发和混沌运动。这些现象不能用线性理论来解释。对于非线性系统，数值求解是一般的方法。因此，利用非线性理论对非线性系统的稳定性和安全性进行了分析。一些研究集中在耦合电路和机械系统上。项玉敏研究了一个电容器在弹簧串联的情况下，仿真结果证实了弹簧的振动是非线性的，线性条件下的结果与实际情况近似。姚仲宇研究了 RLC 电路的瞬态运动，用拉格朗日方法和欧姆原理得到了相似的结果。A. Oksasoglu 和 D. Vavriv 研究了考虑非线性电容的 RLC 电路；弱非线性激励可以激发更剧烈的振动，而更特殊的参数可以产生系统的混沌运动。S. K. Chakravarthy 研究了一个考虑杂散的电路系统。不同的电网参数会导致非谐振模式或谐振模式。以上参考文献，采用多尺度方法研究了振荡行为的影响因素。

以上研究主要针对单自由度系统。但与弹簧耦合的电路系统是一个双自由度系统。一个是电路系统；另一个是机械系统。通过调节机械参数和电路参数，可以形成两个固有频率之间的关系。在外激励作用和不同的共振下会出现更复杂的运动。杨志安和崔一辉分析了一个机电系统（RLC 电路和弹簧系统），当固有频率满足 2∶1 时，会出现饱和和能量传递现象。对该系统进行更深入的研究后，他们发现这个系列的结果方法与龙格库塔法的结果吻合较好。本文考虑了电感的非线性，采用多尺度方法研究了系统的一次谐振。该方法对相似耦合系统具有重要意义。

4.1　线性电感系统的非线性耦合电路

图 4-1 所示的电容为 C 的电容器，其中之一的板极质量为 m，这一个板极被悬挂在刚度系数为 k 的弹簧上，板极在重力、弹力和板极间的电场力作用之下，沿铅垂方向做自由振动。已知：电容 $C=\dfrac{A}{s-x}$，其中 A 为常数，s 为距离。电路中还存在有电感 L，电阻 R，电动势为$E=E_0\sin\omega t$ 的电源。

系统有两个自由度，以电容器活动板间的平衡位置 O 点位于坐标原点，选坐标 x 和电量 q 为广义坐标。

系统的动能

$$T=\frac{1}{2}m\dot{x}^2$$

磁能

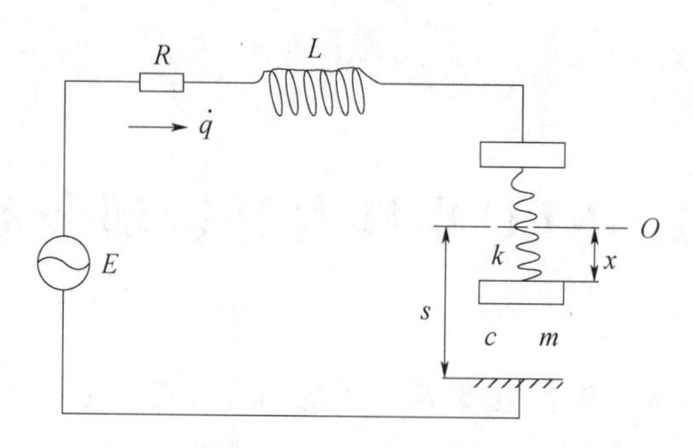

图 4-1　线性电感系统模型

$$W_{\mathrm{m}}=\frac{1}{2}L\dot{q}^{2}$$

弹簧的势能

$$V=\frac{1}{2}kx^{2}$$

电容器的电能

$$W_{\mathrm{e}}=\frac{1}{2}\frac{s-x}{A}q^{2}$$

得拉格朗日函数 La 为

$$La=\frac{1}{2}m\dot{x}^{2}+\frac{1}{2}L\dot{q}^{2}-\frac{1}{2}kx^{2}-\frac{1}{2}\frac{s-x}{A}q^{2}$$

耗散函数 ψ

$$\psi_{\mathrm{e}}=\frac{1}{2}R\dot{q}^{2}$$

非保守力的虚功

$$\delta A=E\delta q=E_{0}\sin\omega t\cdot\delta q$$

非保守的广义力为 $E_{0}\sin\omega t$。

根据拉格朗日-麦克斯韦方程，可得到该系统的运动微分方程为

$$\begin{cases}\dfrac{\mathrm{d}}{\mathrm{d}t}\left(\dfrac{\partial L}{\partial\dot{q}}\right)-\dfrac{\partial L}{\partial q}+\dfrac{\partial\psi}{\partial\dot{q}}=E_{0}\sin\omega t\\[2ex]\dfrac{\mathrm{d}}{\mathrm{d}t}\left(\dfrac{\partial L}{\partial\dot{x}}\right)-\dfrac{\partial L}{\partial x}+\dfrac{\partial\psi}{\partial\dot{x}}=0\end{cases}$$

$$\begin{cases}L\ddot{q}+R\dot{q}+\dfrac{1}{A}(s-x)q=E_{0}\sin\omega t\\[2ex]m\ddot{x}+kx-\dfrac{1}{2A}q^{2}=0\end{cases}$$

4.2　非线性电感单自由度系统动力学

非线性电子元器件的电流与磁通之间的变化特性呈非线性关系。当直流电接入电感线时，电流和磁通都是恒定的，就相当于一条导线不产生电感电动势。当接入交流电时，电流大小发生了变化，线圈产生电感电动势，并阻碍电流变化。电流变化越快，电

感的阻碍作用越明显。所以有必要研究非线性电感对系统的影响。

4.2.1　数学模型

RLC 电路与弹簧耦合系统的物理模型如图 4-2 所示。线性弹簧、非线性导管和电阻串联排列。在重力、阻尼、弹簧、电场和外谐波激励的作用下，电极可以在垂直方向上产生振动。该系统可以作为简单网络电路系统的一部分，也可以用来描述机电耦合系统，如电枢控制设备、电容传声器和一些电动机装置。

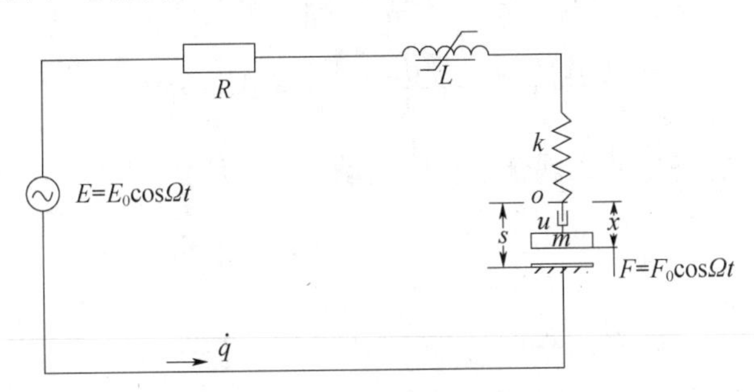

图 4-2　非线性电感系统模型

这个系统有两个自由度，一个是“x”，表示位移坐标。另一个是“q”，表示电量。为了简化模型，本课题采用分段非线性电感。根据文献的数值分析，分段线性电感和非线性电感所得电机电流特性、电机平均转矩基本一致，并适用于对相电流和系统控制的分析。

电感非线性的模型如图 4-2 所示，采用分段非线性电感，定义满足特性的非线性电感

$$i=L_0\times\Psi+L_1\times\Psi^3,\frac{\mathrm{d}\Psi}{\mathrm{d}t}=U_L$$

其中 Ψ 为磁通链。

RLC 电路与弹簧耦合系统的磁能

$$W_m=\frac{1}{2}L_0\dot{q}^2+\frac{1}{4}L_1\dot{q}^4$$

RLC 电路与弹簧耦合系统的动能为

$$T=\frac{1}{2}m\dot{x}^2$$

弹簧的势能

$$V=\frac{1}{2}Kx^2$$

电容器的电能

$$W_e=\frac{1}{2}\frac{S-x}{A}q^2$$

系统的拉格朗日函数 La 变为

$$La=\frac{1}{2}m\dot{x}^2+\frac{1}{2}L_0\dot{q}^2+\frac{1}{4}L_1\dot{q}^4-\frac{1}{2}Kx^2-\frac{1}{2}\frac{S-x}{A}q^2$$

耗散函数

$$F_e=\frac{1}{2}R\dot{q}^2+\frac{1}{2}\mu\dot{x}^2$$

非保守的广义力为

$$E=E_0\cos\Omega t,\quad F=F_0\cos\Omega t$$

根据拉格朗日-麦克斯韦方程

$$\begin{cases}\dfrac{\mathrm{d}}{\mathrm{d}t}\left(\dfrac{\partial La}{\partial \dot{q}}\right)-\dfrac{\partial La}{\partial q}+\dfrac{\partial F}{\partial \dot{q}}=E_0\cos\Omega t\\ \dfrac{\mathrm{d}}{\mathrm{d}t}\left(\dfrac{\partial La}{\partial \dot{x}}\right)-\dfrac{\partial La}{\partial x}+\dfrac{\partial F}{\partial \dot{x}}=F_0\cos\Omega t\end{cases}$$

可得到该 RLC 电路与弹簧耦合系统的运动微分方程为

$$\begin{cases}L_0\ddot{q}+3L_1\dot{q}^2\ddot{q}+R\dot{q}+\dfrac{S-x}{A}q=E_0\cos\Omega t\\ m\ddot{x}+Kx-\dfrac{1}{2A}q^2+\mu\dot{x}=F_0\cos\Omega t\end{cases}\tag{4-1}$$

当极板固定时 $x=0$，RLC 电路与弹簧耦合系统变为单自由度系统方程为

$$\ddot{q}+\omega^2q=-\beta\dot{q}-\alpha\dot{q}^2\ddot{q}+f\cos\Omega t\tag{4-2}$$

式中：$\omega^2=\dfrac{S}{AL_0}$，$\alpha=\dfrac{3L_1}{L_0}$，$\beta=\dfrac{R}{L_0}$，$f=\dfrac{E_0}{L_0}$。这是考虑单自由度情况时系统的运动微分方程。

采用非线性振动的多尺度法，可求 RLC 电路与弹簧耦合系统的一次近似解为

$$u=u_1(T_0,T_1)+\varepsilon u_2(T_0,T_1)\tag{4-3}$$

式中，$T_0=t$，$T_1=\varepsilon t$，ε 是小参数。

4.2.2 主共振的动力学

分析主共振时，调节外激励的频率与电路系统的固有频率频率满足关系

$$\Omega\approx\omega\Rightarrow\Omega=\omega+\varepsilon\sigma\tag{4-4}$$

阻力、非线性力、外部激励前冠以小参数 ε，方程变为

$$\ddot{q}+\omega^2q=\varepsilon(-\beta\dot{q}-\alpha\dot{q}^2\ddot{q}+f\cos\Omega t)$$

将式（4-4）代入式（4-2）并注意式（4-3），比较 ε 同次幂后可得

$$D_0^2u_1+\omega^2u_1=0\tag{4-5}$$

$$D_0^2u_2+\omega^2u_2=-2D_0D_1u_1-\alpha D_0^2u_1\,(D_0u_1)^2-\beta D_0u_1+f\cos\Omega t\tag{4-6}$$

式（4-5）的解为

$$u_1=Ae^{i\omega T_0}+cc\tag{4-7}$$

将式（4-7）代入式（4-6）得消除永年项条件为

$$-2i\omega A'-i\beta\omega A+\alpha\omega^4\bar{A}A^2+\frac{f}{2}e^{i\sigma T_1}=0\tag{4-8}$$

设 $A=\dfrac{1}{2}ae^{i\theta}$ 代入式（4-8），并分离实虚部，可得到

$$\begin{cases} a' = -\frac{1}{2}\beta a + \frac{f}{2\omega}\sin\gamma \\ a\gamma' = \sigma a + \frac{1}{8}\alpha\omega^3 a^3 + \frac{f}{2\omega}\cos\gamma \end{cases} \tag{4-9}$$

式中，$\gamma = \sigma T_1 - \theta$。

由 $\gamma'_n = a'_n = 0$，可以得到 RLC 电路与弹簧耦合系统满足主共振定常解的响应方程为

$$\frac{1}{64}\alpha^2\omega^6 a^6 + \frac{1}{4}\alpha\sigma\omega^3 a^4 + \left(\frac{1}{4}\beta^2 + \sigma^2\right)a^2 - \frac{f^2}{4\omega^2} = 0 \tag{4-10}$$

同时，为定量求解，给各参数赋值：$S=0.1\text{m}$，$A=0.01\text{m}^2$，$R=0.01\Omega$，$E_0=0.3\text{V}$，$L_0=0.0016\text{H}$，$L_1=0.0000005\text{H}$。

根据式（4-10）可以计算 RLC 电路与弹簧耦合系统满足主共振条件式（4-4）的响应曲线。

图 4-3 和图 4-4 是 RLC 电路与弹簧耦合系统的幅频响应曲线，具有“跳跃”和“滞后”现象。改变系统中的参数，电荷变化，振幅变化明显。增大极板间距离，能使响应曲线的软非线性减缓，如图 4-3（a）所示。增大极板面积，能使响应曲线的软非线性加强，如图 4-3（b）所示。不管是改变极板间距离还是极板面积，这说明结构参数都不能改变 RLC 电路与弹簧耦合系统的振动幅值，如图 4-3 所示。

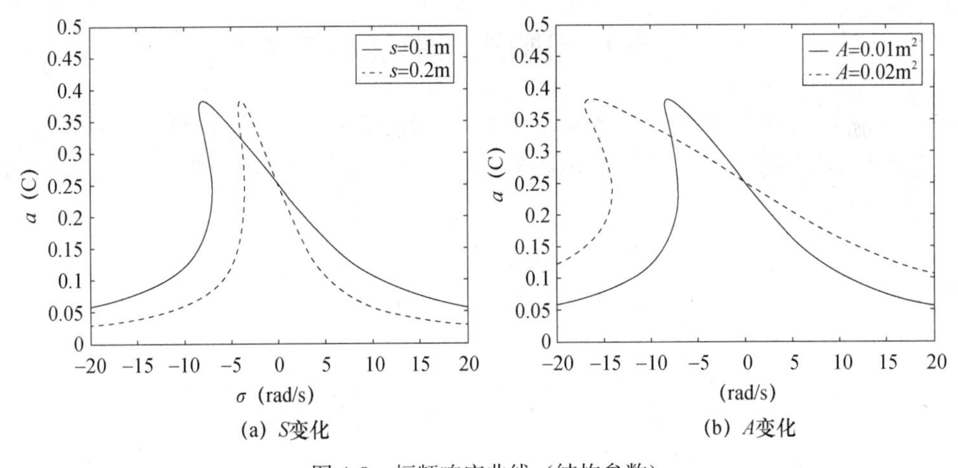

图 4-3　幅频响应曲线（结构参数）

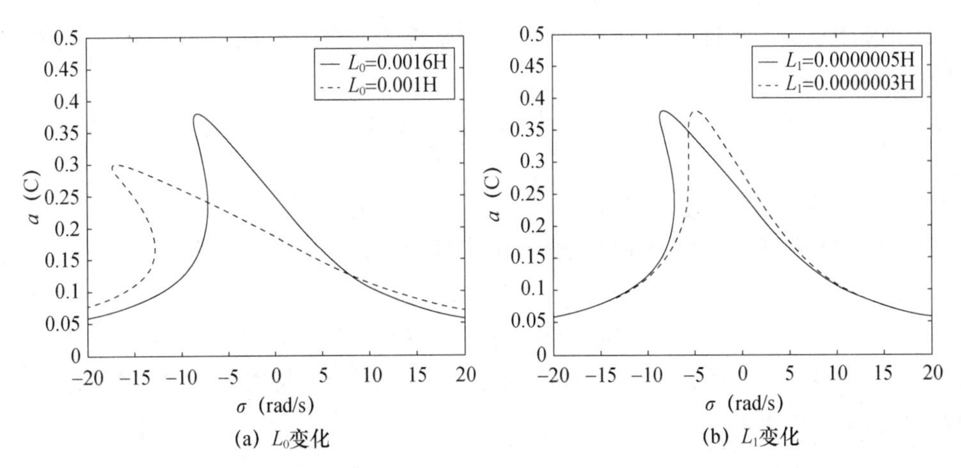

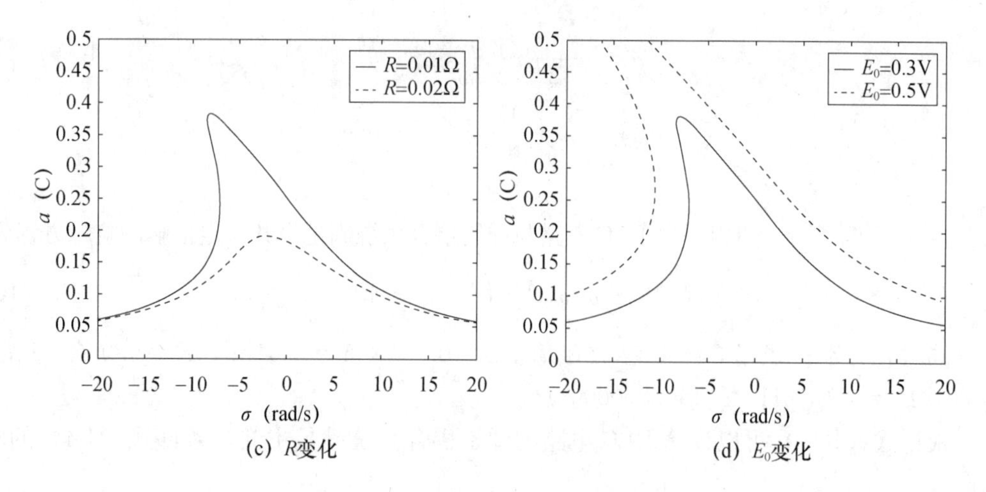

(c) R变化　　　　(d) E_0变化

图 4-4　幅频响应曲线（电路参数）

增大线性电感系数和非线性电感系数，都能改变响应曲线软非线性特性，线性电感系数同时影响系统的振动幅值，如图 4-4（a）和（b）所示。减小电阻或者增大激励电压，都能使响应曲线振幅和共振区变大，这说明这两个参数对振幅的影响明显，如图 4-4（c)和（d）所示。

4.3　非线性电感双自由度系统动力学

对于如图 4-2 所示系统，当考虑极板的上下振动时，系统为非线性电感双自由度 RLC 电路与弹簧耦合系统。非线性电感系统在一定条件下，会出现非线性动力学现象。

由式（4-1）可得

$$\begin{cases}\ddot{q}+\omega_1^2 q=-\mu_1\dot{q}+\alpha_1 qx-\beta\dot{q}^2\ddot{q}+f_1\cos\Omega t\\ \ddot{x}+\omega_2^2 x=\alpha_2 q^2-\mu_2\dot{x}+f_2\cos\Omega t\end{cases}$$

式中

$$\omega_1^2=\frac{S}{AL_0},\omega_2^2=\frac{K}{m},\mu_1=\frac{R}{L_0},\mu_2=\frac{\mu}{m},\alpha_1=\frac{1}{L_0A}$$

$$\alpha_2=\frac{1}{2Am},\beta=\frac{3L_1}{L_0}f_1=\frac{E_0}{L_0},f_2=\frac{F_0}{m}$$

我们利用采用非线性振动的多尺度法，求系统的一次近似解，用 u_1 和 u_2 分别代替 q 和 x，并定义 u_1 和 u_2 为

$$\begin{cases}u_1=u_{11}(T_0,T_1)+\varepsilon u_{12}(T_0,T_1)\\ u_2=u_{21}(T_0,T_1)+\varepsilon u_{22}(T_0,T_1)\end{cases}\tag{4-11}$$

式中，$T_0=t$，$T_1=\varepsilon t$，ε 是小参数。

调节外激励的频率与电路系统的固有频率接近，频率满足下面关系

$$\begin{cases}\Omega\approx\omega_1\Rightarrow\Omega=\omega_1+\varepsilon\sigma_2\\ \omega_2\approx 2\omega_1\Rightarrow\omega_2=2\omega_1+\varepsilon\sigma_1\end{cases}\tag{4-12}$$

将式（4-1）中阻力、非线性力、外部激励前冠以小参数 ε，将式（4-12）代入式(4-10)，比较 ε 同次幂后可得

$$\begin{cases} D_0^2 u_{11} + \omega_1^2 u_{11} = 0 \\ D_0^2 u_{21} + \omega_2^2 u_{21} = f_2 \cos\Omega t \end{cases} \tag{4-13}$$

$$\begin{cases} D_0^2 u_{12} + \omega_1^2 u_{12} = -2D_0 D_1 u_{11} - \mu_1 D_0 u_{11} + \alpha_1 u_{11} u_{21} - \beta (D_0 u_{11})^2 D_0^2 u_{11} + f_1 \cos\Omega t \\ D_0^2 u_{22} + \omega_2^2 u_{22} = -2D_0 D_1 u_{21} - \mu_2 D_0 u_{21} + \alpha_2 u_{11}^2 \end{cases} \tag{4-14}$$

式（4-13）的解为

$$\begin{cases} u_{11} = A_1 e^{i\omega_1 T_0} + cc \\ u_{21} = A_2 e^{i\omega_2 T_0} + \Lambda e^{i\Omega T_0} + cc \end{cases} \tag{4-15}$$

式中

$$\Lambda = \frac{f_2}{2(\omega_2^2 - \Omega^2)}$$

将式（4-15）代入式（4-14）得消除永年项条件

$$\begin{cases} -2i\omega_1 A_1' - i\mu_1 \omega_1 A_1 + \alpha_1 \bar{A}_1 A_2 e^{i\sigma_1 T_1} + \beta\omega_1^4 A_1^2 \bar{A}_1 + \dfrac{f_1}{2} e^{i\sigma_2 T_1} = 0 \\ -2i\omega_2 A_2' + \alpha_2 A_1^2 e^{-i\sigma_1 T_1} - i\mu_2 \omega_2 A_2 = 0 \end{cases} \tag{4-16}$$

设

$$A_1 = \frac{1}{2} a_1 e^{i\theta_1} \quad A_2 = \frac{1}{2} a_2 e^{i\theta_2}$$

将上式代入式（4-16），并分离实虚部，可得到

$$\begin{cases} a_1' = -\dfrac{1}{2}\mu_1 a_1 + \dfrac{1}{4}\omega_1^{-1}\alpha_1 a_1 a_2 \sin\gamma_1 + \dfrac{f_1}{2\omega_1}\sin\gamma_2 \\ a_2' = -\dfrac{1}{2}\mu_2 a_2 - \dfrac{1}{4}\omega_2^{-1}\alpha_2 a_1^2 \sin\gamma_1 \\ a_1\theta_1' = -\dfrac{1}{4}\omega_1^{-1}\alpha_1 a_1 a_2 \cos\gamma_1 - \dfrac{1}{8}\beta\omega_1^3 a_1^3 - \dfrac{f_1}{2\omega_1}\cos\gamma_2 \\ a_2\theta_2' = -\dfrac{1}{4}\omega_2^{-1}\alpha_2 a_1^2 \cos\gamma_1 \end{cases} \tag{4-17}$$

式中，$\gamma_1 = \sigma_1 T_1 - 2\theta_1 + \theta_2$，$\gamma_2 = \sigma_2 T_1 - \theta_1$。

进一步可得

$$\begin{cases} a_1' = -\dfrac{1}{2}\mu_1 a_1 + \dfrac{1}{4}\omega_1^{-1}\alpha_1 a_1 a_2 \sin\gamma_1 + \dfrac{f_1}{2\omega_1}\sin\gamma_2 \\ a_2' = -\dfrac{1}{2}\mu_2 a_2 - \dfrac{1}{4}\omega_2^{-1}\alpha_2 a_1^2 \sin\gamma_1 \\ \gamma_1' = \sigma_1 + \left(\dfrac{\alpha_1 a_2}{2\omega_1} - \dfrac{\alpha_2 a_1^2}{4\omega_2 a_2}\right)\cos\gamma_1 + \dfrac{f_1}{\omega_1 a_1}\cos\gamma_2 + \dfrac{1}{4}\beta\omega_1^3 a_1^2 \\ \gamma_2' = \dfrac{1}{4}\alpha_1\omega_1^{-1} a_2 \cos\gamma_1 + \dfrac{1}{8}\beta\omega_1^3 a_1^2 + \dfrac{f_1}{2\omega_1 a_1}\cos\gamma_2 + \sigma_2 \end{cases} \tag{4-18}$$

根据 $\gamma_n' = a_n' = 0$ 和 $\sin^2\gamma_n + \cos^2\gamma_n = 1$，通过一系列数学变换，得到满足双共振稳态解的系统响应方程

$$\begin{cases} (I_2^2 + I_3^2) a_1^6 + (2\sigma_2 I_2 + \mu_1 I_3) a_1^4 + \left(\dfrac{1}{4}\mu_1^2 + \sigma_2^2\right) a_1^2 = \dfrac{f_1}{4\omega_1^2} \\ (I_2^2 + I_3^2) I^3 a_2^3 + (2\sigma_2 I_2 + \mu_1 I_3) I^2 a_2^2 + \left(\dfrac{1}{4}\mu_1^2 + \sigma_2^2\right) I a_2 = \dfrac{f_1}{4\omega_1^2} \end{cases} \tag{4-19}$$

式中

$$I^2=\frac{4\omega_2^2\left[4\left(\sigma_1-2\sigma_2\right)^2+\mu_2^2\right]}{\alpha_2^2}$$

$$I_2=\frac{\alpha_1\omega_2\left(\sigma_1-2\sigma_2\right)}{\alpha_2\omega_1 I^2}+\frac{1}{8}\beta\omega_1^3$$

$$I_3=\frac{\alpha_1\mu_2\omega_2}{2\alpha_2\omega_1 I^2}$$

为了定量地解决这个问题，有必要对参数进行分配。根据动力学反问题的求解方法，如果已知系统的固有频率及其某些量，就可以得到其他未知参数，设定 $\omega_1=12.5\text{Hz}$，$\omega_2=25\text{Hz}$，由此可以得到各参数取值：

$S=0.1\text{m}$，$A=0.01\text{m}^2$，$m=0.015\text{kg}$，$R=0.05\Omega$，$E_0=10\text{V}$，$F_0=1.5\text{N}$，$\mu=0.001\text{N}\cdot\text{m/s}$，$L=0.0016\text{H}$，$K=369.735\text{N/m}$。

根据上面参数值可以计算系统满足双重共振条件式（4-12）的响应曲线。

图 4-5 是 RLC 电路与弹簧耦合系统的幅频响应曲线，是当调谐值 $\sigma_2=0$ 时，如图 4-5（a）所示；当调谐值 $\sigma_2=0.5$ 条件下，幅频响应曲线向右偏移，如图 4-5（b）所示；当调谐值 $\sigma_2=-0.8$ 时，幅频响应曲线向左偏移，如图 4-5（c）所示。不考虑非线性电感系数的响应曲线用虚线表示，a_1、a_2 在完全满足共振条件时达到最大值的振幅；当考虑非线性电感系数时，则会激发一个具有最大值的新的振动，如图 4-5 所示。

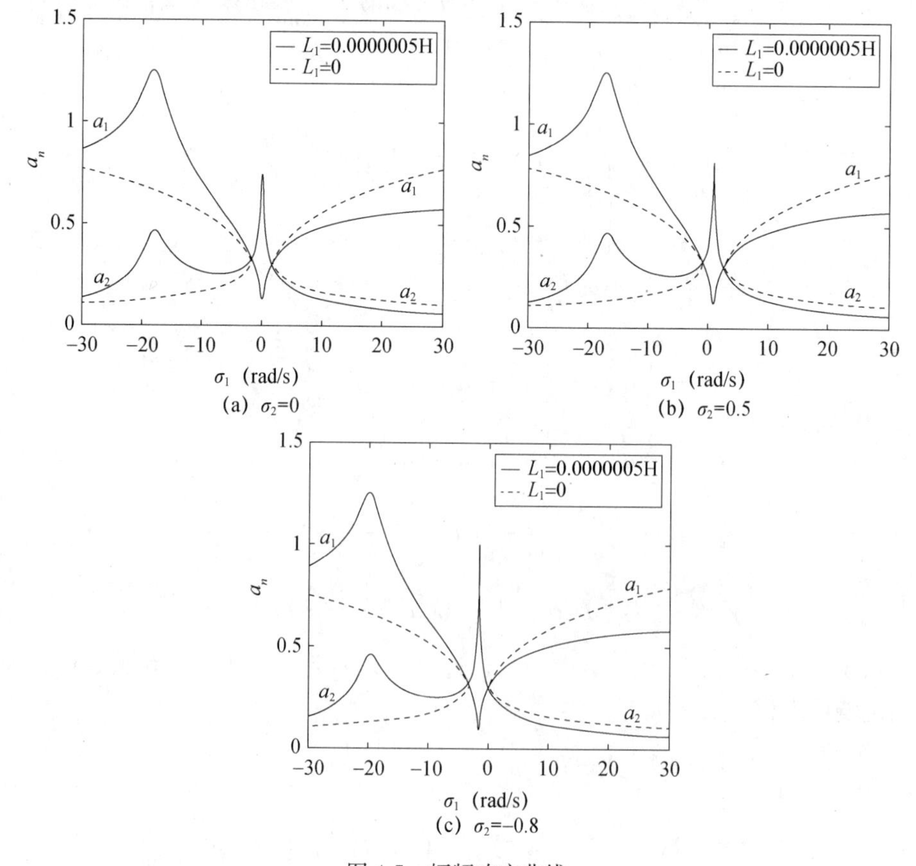

图 4-5　幅频响应曲线

图 4-6 至图 4-9 为系统参数对应的振动振幅响应曲线。随着电阻的增大，系统的振幅逐渐减小，如图 4-6 所示。如果增加阻尼，a_1 的振幅增加，a_2 的振幅减小，如图 4-7 所示。增加电压时和激励 f_1 时，振幅 a_1 和 a_1 增加，如图 4-8 和图 4-9 所示。如果增大电感的非线性系数，振幅出现跳跃现象，如图 4-10 所示。

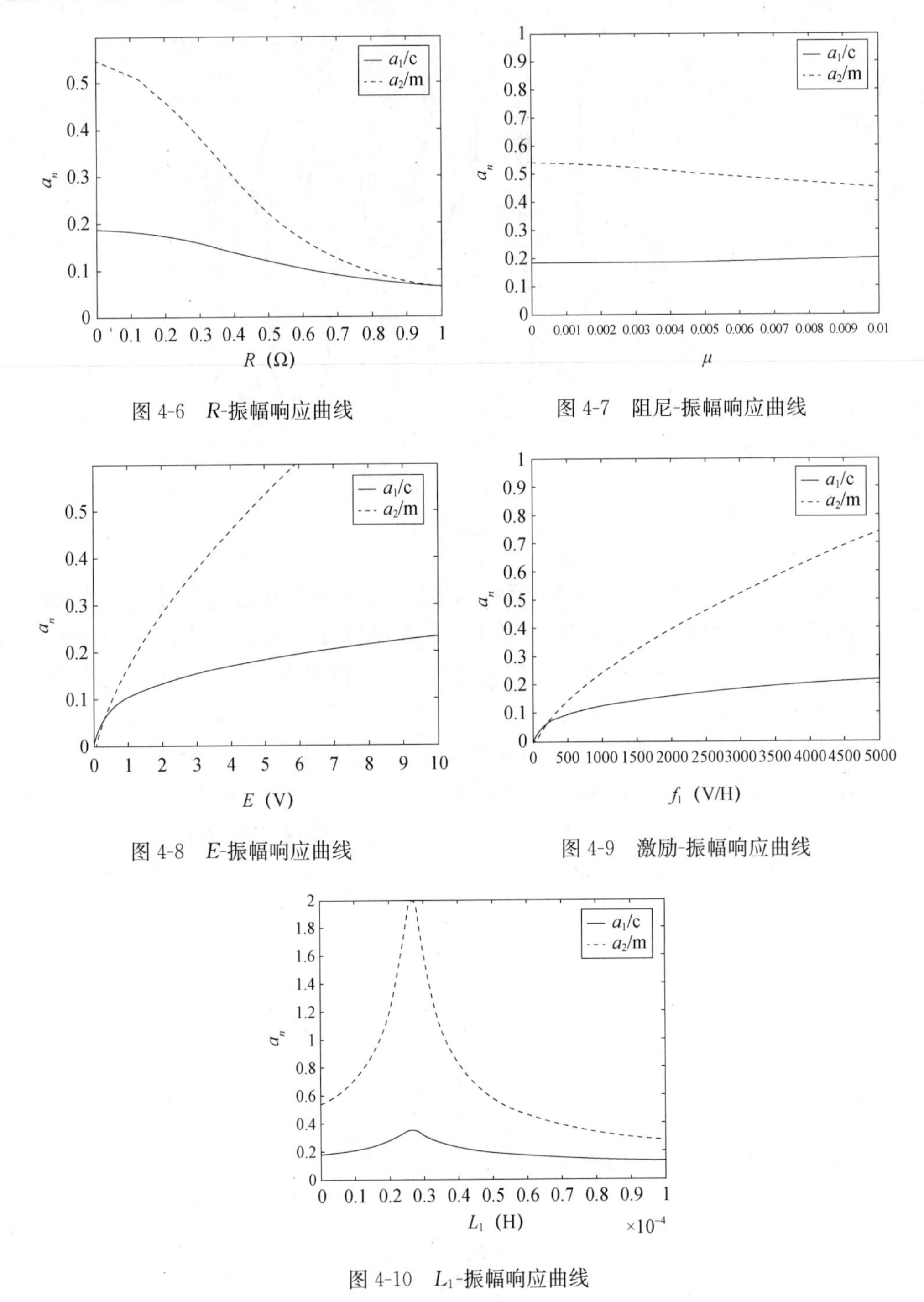

图 4-6　R-振幅响应曲线

图 4-7　阻尼-振幅响应曲线

图 4-8　E-振幅响应曲线

图 4-9　激励-振幅响应曲线

图 4-10　L_1-振幅响应曲线

当调谐值 $\sigma_1=0.3$，$\sigma_2=-0.2$ 时，a_1、a_2 的时间响应曲线，初始值取为 $a_1=0.000001$，$a_2=0.000002$，如图4-11所示。显示了能量交换现象，能量在两种模式之间持续交换，最终会达到稳定状态，两个模态之间存在能量传递。当一种模态的能量降低时，另一种模态的能量增加。为系统的振动控制提供了一种有价值的方法。

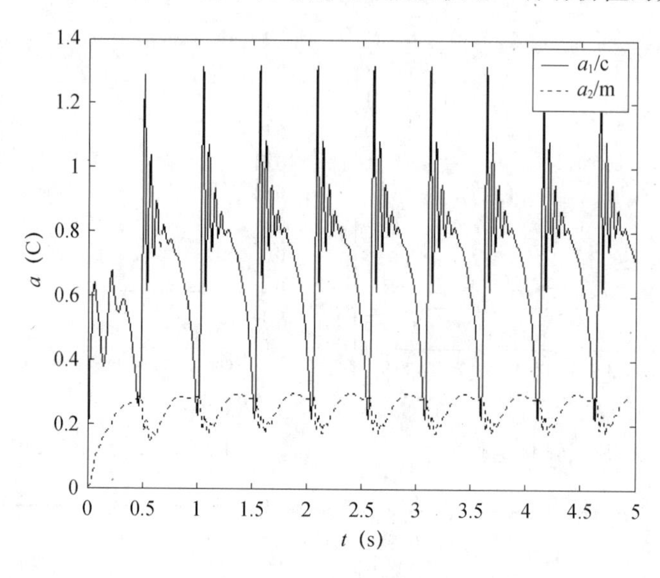

图4-11　时间响应曲线

本章提出了RLC电路与弹簧耦合系统的物理模型，用以描述耦合的机电耦合系统，此外，还建立了考虑电感非线性的微分方程，对系统进行了分析。当固有频率之间的共振条件满足 $\omega_2\approx2\omega_1$ 且 $\Omega\approx\omega_1$ 时，两个振型的振动均被激发，系统中出现能量交换现象。如果考虑非线性电感，则在响应曲线的一侧激发新的振动。增大电感的非线性系数，振幅先增大后减小。电阻越大，振幅越小。如果增加阻尼，一个振幅增加，另一个振幅增加减少。增加电压，振幅都会增加。在系统中，通过对电路系统参数进行失谐，可以将电极板的振动控制在正确的范围内。可以实现由电路参数将极板的振动控制到理想的幅度，从而避免系统遭到毁坏。

第5章 RLC串联电路与微梁耦合动力学

微机电系统（MEMS）是机械元件、传感器、执行器和电子元件的集成，涉及电子工程、机械工程、材料工程、生物技术、物理和医学等多个学科。在学术上，MEMS将是一项核心研究，具有良好的发展前景。因此，自MEMS出现以来，人们对其进行了大量的研究。微机电系统（MEMS）是一个新兴的技术领域，受到工程界的广泛关注。微机电系统是集成的，可移动的微束与电子设备。由于微机电系统有两个物理域，即电域和机械域，它们之间存在着非线性耦合，因此其动态分析比较复杂。了解微机电系统的动态特性对于开发新的微机电系统器件和控制其性能具有重要意义。

根据研究成果，MEMS受许多非线性因素的影响，如机械部件变形引起的几何非线性、材料非线性、非线性静电力、挤压间隙的非线性电阻等，这些因素会使基于线性动力学的设计失效，使设计过程复杂化。应用传统线性理论，证明其存在明显的系统误差，然后提出基于第二光束理论的理论解。陈云生、杨国来建立了微电子谐振器的单自由度非线性数学模型、基于微分方程的线性化方法和多项式方程理论，讨论了非线性系统的自由振动平衡位置和自由振动的频率和动力响应解，立方刚度非线性系统自由振动的解析解对谐振器的设计具有重要价值。S. K. Chakravarthy研究了一个具有杂散通电的电路系统。杨志安、崔一辉利用拉格朗日-麦克斯韦方程建立了电感、电阻非线性和谐波激励的RLC电路的数学模型，基于非线性振动分析的多尺度方法，给出了一阶近似解及其对应的一阶共振稳态解。获得了NCE系统。然而，这些研究基于单一的自由度系统，模型必须是单自由度或仅适用于纯电路系统。微机电系统采用悬臂梁和简支梁结构机械传感器。静电是主要的驱动力，微型机械传感器和微型机械传感器采用的执行机构，将电信号转化为机械驱动力，或者将电场能转化为机械能。Nakhaie Jazar研究了受热效应影响的悬臂梁的非线性动力学。M. I. Younis和A. H. Nayfeh用多尺度方法研究了微束在电场中的非线性响应，现有的非线性模型对微束的动力学行为提供了精确的预测，而线性模型无法解释。A. H. Nayfeh研究了拉入不稳定性，在微型机电谐振器中发现存在电容负载时的吸合现象的特性不同于纯直流负载下的吸合现象。

然而电子元件与结构的耦合，会形成一个两自由度系统。在对微梁的研究中，学者只采用简单的静电驱动电路，并且在微梁电路中，只考虑存在的电场力与结构变形的简单耦合。在考虑了系统的电场力、阻尼力和惯性力之后，对系统进行了简单的耦合，得到变形微梁的控制方程。而作为一个完整的电路系统，电阻、电感、电容三者缺一不可，学者研究的模型中微梁和固定电极板共同构成电容器，却忽略了电路中实际存在的电阻与电感，此时系统应存在两个广义位移，除了微梁的横向位移w还有电路中的电量q，实际情况应是两者的耦合，即在电场力的作用下微梁结构发生变形，结构的变形又导致电场力的改变，从而形成了机电耦合问题。

5.1　RLC 电路与微梁耦合系统

以一个 RLC 串联电路与微梁耦合系统建模分析为基础，动力学为 RLC 串联电路系统和微机电系统（MEMS）建模与分析提供理论方法。RLC 串联电路与梁耦合系统是静电驱动机械传感器、执行器的核心电路。以 RLC 串联电路与梁耦合系统两种的简化模型为对象开展研究，可保证研究的客观性。首先选择 RLC 串联电路与梁耦合系统中重要元件梁为研究对象，通过无量纲进行研究，将保证研究的全面性，为了研究的普适性取斜梁为研究对象。

5.1.1　受简谐激励的斜梁的动力学

在工程实际中，结构元件在温度变化时存在热胀冷缩现象，因而结构元件在热状态下的动力学行为引起了人们的关注。吴晓研究了在热状态下斜梁的非线性振动分岔，分析了屈曲黏弹性铁木辛柯（Timoshenko）斜梁倾斜角、剪切变形、长厚比、外阻尼与内阻尼比对屈曲黏弹性梁混沌运动区域的影响。孙强研究了斜梁的动力特性问题。贾建援基于弹性梁的几何非线性大挠度屈曲理论，得到描述倾斜梁大挠度后屈曲行为的精确解析解。邵文韫研究了超临界速度范围内轴向运动梁横向非线性受迫振动的稳态响应。Jia-Jang Wu 应用质量矩阵法研究斜梁、运动负荷的速度、柯氏力、离心力、摩擦力、梁的倾斜角度和运动负荷的总数，垂直（y）与横向（x）对斜梁的动态响应都具有显著影响。Sen Yung Lee 研究了 Timoshenko 斜梁的自由振动，利用精确幂级数解法。A. Mamandi 对倾斜的欧拉-伯努利梁（Euler-Bernoulli）进行非线性动态响应研究，总结了模型方法和偏微分控制方程运动的频率分析，稳态响应的研究采用多尺度法。李世荣采用解析方法研究了置于线性弹性地基上的欧拉-伯努利梁，在均匀升温荷载作用下的临界屈曲模态跃迁特性。胡超荣运用近似解析方法和数值方法，研究轴向变速运动黏弹性瑞利（Rayleigh）梁的次谐波共振和组合共振的稳定性区域。张韬对移动结构作用下梁的响应问题进行了推广，采用柔性梁作为移动结构模型，在考虑结构柔性和悬挂连接的前提下对系统的耦合振动进行了分析。

在温度场中竖向受简谐激励作用，斜梁的振动方程为

$$EI\frac{\partial^4 w}{\partial x^4}+N\frac{\partial^2 w}{\partial x^2}+r\frac{\partial w}{\partial t}+\rho A\frac{\partial^2 w}{\partial t^2}=F\cos\theta\cos\omega t \tag{5-1}$$

且

$$N=N_{\mathrm{t}}-\frac{Fl\sin\theta\cos\omega t}{2}-\frac{EA}{2l}\int_0^l\left(\frac{\partial w}{\partial x}\right)^2\mathrm{d}x \tag{5-2}$$

式中，w 为横向振动位移，N_t 是热力，A 是面积，r 是阻尼系数，ρ 是密度，l 是长度，F 是激励幅值，ω 是激励频率。

热力为

$$N_{\mathrm{t}}=\frac{EA\alpha_{\mathrm{S}}}{l}\int_0^l t(x)\,\mathrm{d}x=EA\alpha_{\mathrm{S}}\left(t_0+\frac{2}{3}\tau_1\right) \tag{5-3}$$

式中，α_S 为热膨胀系数。取热分布为抛物型 $t(x)=t_0+\tau_1\left[1-\left(\frac{2x-l}{l}\right)^2\right]$，其中 t_0 为初始温度，t_1 为温度变化系数。

将（5-3）式代入式（5-2）得

$$N=EA\alpha_S\left(t_0+\frac{2}{3}t_1\right)-\frac{Fl\sin\theta\cos\omega t}{2}-\frac{EA}{2l}\int_0^l\left(\frac{\partial w}{\partial x}\right)^2\mathrm{d}x \tag{5-4}$$

斜梁在温度场中振动方程式（5-1）的解 $w(x,t)$ 可设为

$$w(x,t)\approx\sum_{n=1}^{\infty}\phi_n(t)\sin\frac{n\pi x}{l}(n=1,3,5\cdots) \tag{5-5}$$

在式（5-5）中取第一阶主振型，由伽辽金（Galerkin）原理并化简得

$$\ddot{\phi}_n+2\mu\dot{\phi}_n+(\omega_0^2+\alpha_1\cos\omega t)\phi_n+\alpha_3\phi_n^3=f\cos\omega t \tag{5-6}$$

式中，$\omega_0^2=\frac{n^4\pi^4EI}{\rho l^4A}-\frac{n^2\pi^2E\alpha_S}{\rho l^2}\left(t_0+\frac{2}{3}t_1\right)$，$\alpha_1=\frac{n^4\pi^4F\sin\theta}{2l^2\pi\rho A}$，$\alpha_3=-\frac{En^2\pi^2}{4\rho^4}$，$\mu=\frac{r}{2\rho A}$，$f=\frac{4F\cos\theta}{n\pi\rho A}$。

外激励、阻尼力、惯性力与非线性力是小量，可在前面冠以小参数 ε。忽略参数激励令 $\alpha_1=0$，由式（5-6）得

$$\ddot{\varphi}_n+\omega_0^2\varphi_n=\varepsilon(-2\mu\dot{\varphi}_n-\alpha_3\varphi_n^3+f\cos\omega t) \tag{5-7}$$

1. 斜梁的主共振理论分析

主共振是指很小的外激振幅值就发出强烈的共振。引入主共振调谐参数 σ 由下式 $\omega=\omega_0+\varepsilon\sigma$，$\sigma=0$（1）确定。

应用多尺度法求主共振的一次近似解只需要两个时间尺度 T_0 和 T_1，故设

$$\phi_n(t)=\phi_{n0}(T_0,T_1)+\varepsilon\phi_{n1}(T_0,T_1) \tag{5-8}$$

将式（5-8）代入式（5-7），利用导算子表达式比较 ε 的同次幂的系数，得到一组线性偏微分方程

$$D\phi_{n0}+\omega_0^2\phi_{n0}=0 \tag{5-9}$$

$$D_0^2\phi_{n1}+\omega_0^2\phi_{n1}=-2D_0D_1\phi_{n0}-2\mu D_0\phi_{n0}-\alpha_3\phi_{n0}^3+f\cos(\omega_0T_0+\sigma T_1) \tag{5-10}$$

方程（5-9）的解为

$$\phi_{n0}(T_0,T_1)=a(T_1)\cos[\omega_0T_0+\beta(T_1)]=A(T_1)\mathrm{e}^{j\omega_0T_0}+cc \tag{5-11}$$

式中，cc 为共轭项，j 是单位复数。且

$$A(T_1)=\frac{a(T_1)}{2}\mathrm{e}^{j\beta(T_1)}\quad\bar{A}(T_1)=\frac{a(T_1)}{2}\mathrm{e}^{-j\beta(T_1)} \tag{5-12}$$

将式（5-12）代入式（5-10）得到消除永年项的条件为

$$2j\omega_0D_1A+2\mu j\omega_0A+3\alpha_3A^2\bar{A}-\frac{f}{2}j\mathrm{e}^{j\sigma T_1}=0 \tag{5-13}$$

将式（5-12）代入式（5-14），分离实虚部，令 $(\sigma T_1-\beta)=\varphi$，可得

$$\begin{cases}D_1a=-\mu a+\dfrac{f}{2\omega_0}\sin\varphi\\aD_1\varphi=\sigma a-\dfrac{3\alpha_3}{8\omega_0}a^3+\dfrac{f}{2\omega_0}\cos\varphi\end{cases} \tag{5-14}$$

相应的一次近似解为

$$\alpha(t)=a(\varepsilon t)\cos[\omega t-\varphi(\varepsilon t)] \tag{5-15}$$

令 $D_1a=0$，$aD_1\varphi=0$，两式平方相加得到系统主共振的幅频响应方程和相频响应方程

$$a^2\left[\mu^2+\left(\frac{3\alpha_3}{8\omega_0}a^2-\sigma\right)^2\right]=\left(\frac{f}{2\omega_0}\right)^2 \quad \varphi=\arctan\frac{\mu}{\frac{3\alpha_3}{8\omega_0}a^2-\sigma} \tag{5-16}$$

主共振的峰值大小总是 $a_{\max}=\frac{f}{2\omega_0\mu}$，与非线性因素无关，但出现峰值的激励频率 $\omega=\omega_0\left(1+\frac{3\alpha_3}{8\omega_0}a_{\max}{}^2\right)$，与非线性因素有关。

将方程（5-15）在（a，φ）处线性化，形成关于扰动量 Δa、$\Delta\varphi$ 的自治微分方程

$$D_1\Delta a=-\mu\Delta a+\frac{f}{2\omega_0}\cos\varphi\Delta\varphi$$

$$D_1\Delta\varphi=-\left(\frac{3\alpha_3 a}{4\omega_0}+\frac{f}{2\omega_0 a^2}\cos\varphi\right)\Delta a-\frac{f}{2\omega_0 a}\sin\varphi\Delta\varphi \tag{5-17}$$

消去上式中的 φ，得到

$$D_1\Delta a=-\mu\Delta a+\left(-\sigma a+\frac{3\alpha_3}{8\omega_0}a^3\right)\Delta\varphi$$

$$D_1\Delta\varphi=\left(\frac{\sigma}{a}-\frac{9\alpha_3 a}{8\omega_0}\right)\Delta a-\mu\Delta\varphi \tag{5-18}$$

其特征方程为 $\lambda^2+2\mu\lambda+\mu^2-\left(\frac{3}{8\omega_0}\alpha_3a^3-\sigma a\right)\left(\frac{\sigma}{a}-\frac{9\alpha_3a}{8\omega_0}\right)=0$。

由于 $\mu>0$，由条件 Routh-Hurwitz 判据可得定常解稳定的条件

$$\Gamma=\mu^2+\left(\sigma-\frac{3\alpha_3}{8\omega_0}a^2\right)\left(\sigma-\frac{9\alpha_3}{8\omega_0}a^2\right)<0 \tag{5-19}$$

利用式（5-17）可以计算系统主共振的幅频响应曲线，根据式 Routh-Hurwitz 判据判定幅频响应稳定性，并将稳定和不稳定幅值分别用实现和虚线表示。在下面的数值计算中取以下参数：弹性模量 $E=2.1\times10^{11}\,\mathrm{N/m^2}$，横截面面积 $A=0.0072\mathrm{m}^2$，密度 $\rho=7.8\times10^3\ \mathrm{kg/m^3}$，热膨胀系数 $\alpha_s=12.5\times10^{-6}/℃$，长度 $l=2\mathrm{m}$，阻尼系数 $r=0.005$，高 $h=0.025\mathrm{m}$，倾斜角 $\theta=35^0$，初始温度 $t_0=20℃$，温度影响系数 $t_1=20℃$，激励幅值 $F=2N$。

图 5-1 为系统主共振的幅频响应曲线，曲线具有跳跃和滞后现象。由图 5-1（a）和图 5-1（b）可知阻尼或外界激励幅值 F 对系统的幅频响应曲线影响很大，增大阻尼 r 或减小外界激励幅值 F 都有可减小系统的振幅和共振区。由图 5-1（c）可知，当系统的弹性模量减小时，系统主共振响应曲线向右偏移，系统共振区间也对应右移。由图 5-1（d）可知，随着梁长的增加，系统主共振的响应曲线向左偏移，滞后现象越强，振动幅值增加，共振区间也相应增大。由图 5-1（e）可知，随着高度的增大系统主共振的振幅和共振区减小，同时滞后现象越来越弱。由图 5-1（f）可知，随着横截面面积的增大系统的振幅不变，共振区域减小了，同时滞后现象越来越强。由图 5-1（h）和图 5-1（i）可知，减小初始温度和温度系数，系统主共振区间向右有微弱偏移，得出温度改变对系统主共振有影响。

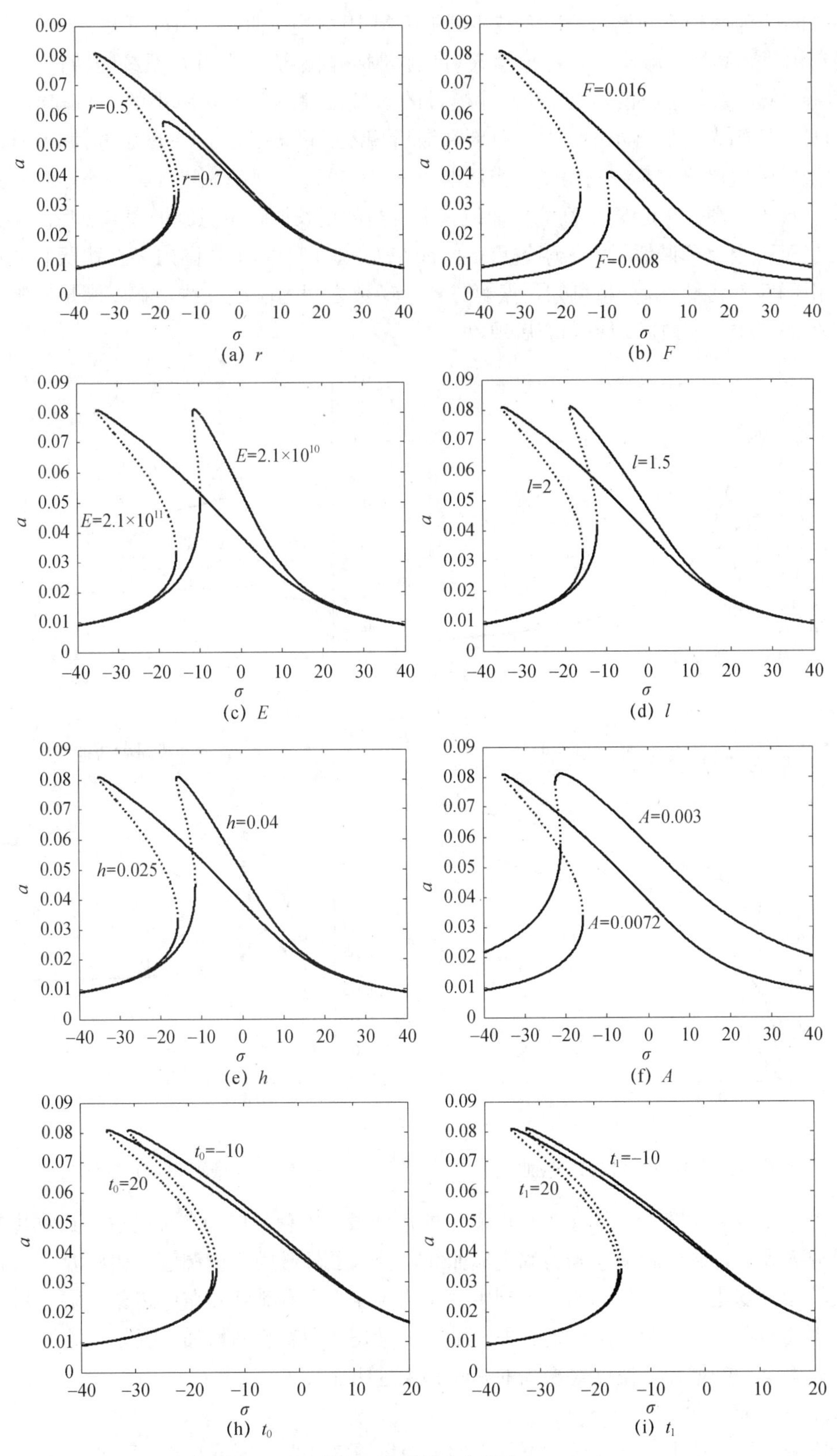
r=0.5
r=0.7
(a) r
F=0.016
F=0.008
(b) F
E=2.1×10^10
E=2.1×10^11
(c) E
l=1.5
l=2
(d) l
h=0.04
h=0.025
(e) h
A=0.003
A=0.0072
(f) A
t0=-10
t0=20
(h) t0
t1=-10
t1=20
(i) t1
a
σ

图 5-1　幅频响应曲线

图 5-2 为两种不同调谐值时系统主共振振幅-阻尼响应曲线，由此可知，增大调谐值 σ 振动幅值和共振区减小，阻尼值增大可以抑制振幅幅值，这符合系统的特性。图 5-3 是振幅-弹性模量响应曲线，随着弹性模量的增长振幅总体上是减小的，当调谐值 $\sigma=-10$时，振幅先增加再减小，存在跳跃和滞后现象。图 5-4 是振幅-激励幅值响应曲线，增大激励幅值可增大系统的振幅，当调谐值 $\sigma=-30$ 时，振幅先增加再减小，存在跳跃和滞后现象。图 5-5 是振幅-高响应曲线，随着高的增长振幅也急剧增大，然后减小一部分后趋于稳定，调谐值越大振幅越小，曲线在 $h=0.01\sim0.1$ 范围内存在跳跃和滞后现象。由图 5-2 至图 5-5 分析可知，振幅与各个参数之间的响应曲线，在 σ 满足一定的取值条件时，也具有跳跃现象和滞后现象。

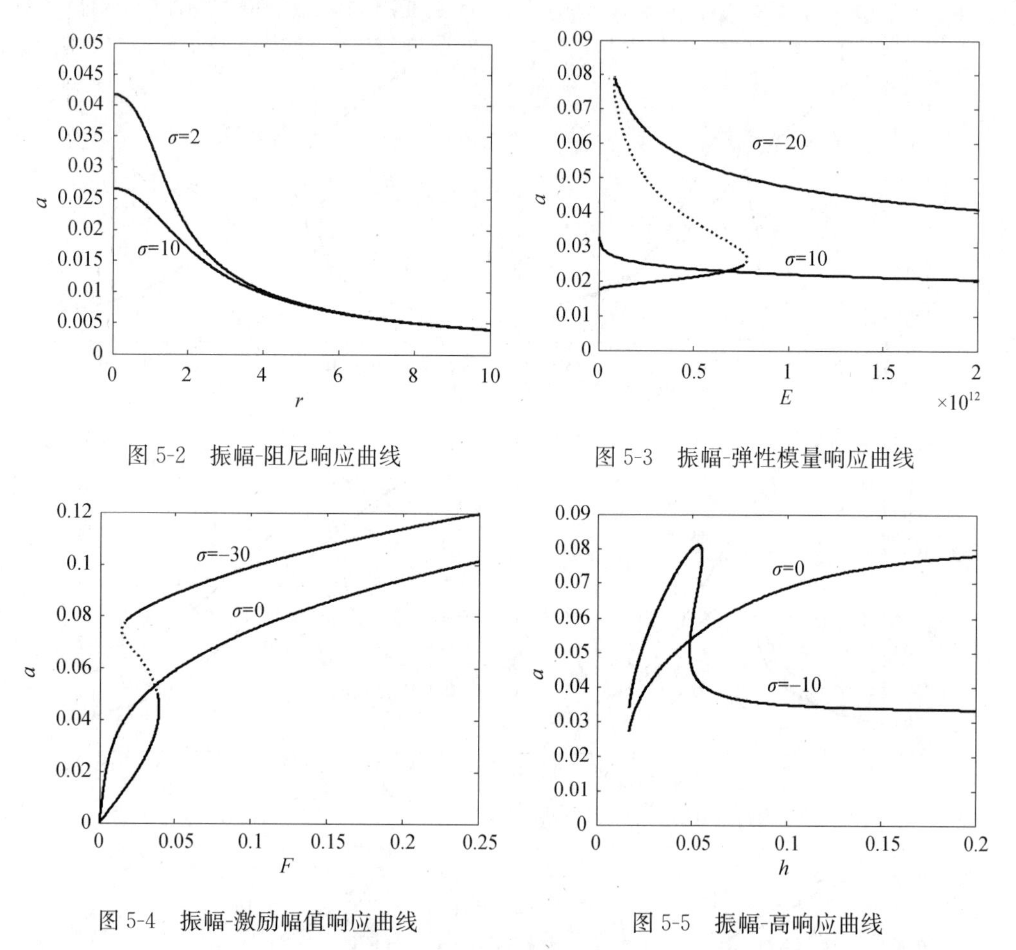

图 5-2　振幅-阻尼响应曲线

图 5-3　振幅-弹性模量响应曲线

图 5-4　振幅-激励幅值响应曲线

图 5-5　振幅-高响应曲线

由 Galerkin 原理建立了温度场中斜梁的运动微分方程，应用多尺度法得到主共振的常微分方程，得到幅频响应和力幅响应曲线，分析了外激励、谐调值、初始温度和温度系数等参数变化对系统的影响，得到主共振响应曲线具有跳跃和滞后现象。阻尼和外激励对主共振幅值有抑制作用。随着外激励、斜梁长度和温度的增加，振幅和共振区域增大。随着梁长的增加，温度对振幅的影响越来越明显。

2. 1/3 亚谐共振理论分析

应用多尺度法求 1/3 亚谐共振的一次近似解只需要两个时间尺度 T_0 和 T_1，故设

$$\phi_n(T)=\phi_{n0}(T_0,T_1)+\varepsilon\phi_{n1}(T_0,T_1) \tag{5-20}$$

将式（5-20）代入式（5-7）并利用导算子表达式 $D_0=\dfrac{\partial}{\partial T_0}$、$D_1=\dfrac{\partial}{\partial T_1}$，比较 ε 的同次幂的系数，得到一组线性偏微分方程

ε^0：
$$D_0\phi_{n0}+\omega_0^2\phi_{n0}=f\cos\omega T_0 \tag{5-21}$$

ε^1：
$$D_0^2\phi_{n1}+\omega_0^2\phi_{n1}=-2D_0D_1\phi_{n0}-2\mu D_0\phi_{n0}-\alpha_3\phi_{n0}^3 \tag{5-22}$$

方程（5-21）的解为

$$\phi_{n0}(T_0,T_1)=A(T_1)e^{j\omega_0T_0}+Be^{j\omega T_0}+cc \tag{5-23}$$

这里 $cc=A(T_1)e^{-j\omega_0T_0}+Be^{-j\omega T_0}$ 为共项，其

$$A(T_1)=\frac{a(T_1)}{2}e^{j\beta},B=\frac{f}{2(\omega_0^2-\omega^2)} \tag{5-24}$$

研究系统的 1/3 次亚谐共振，引入调谐参数 σ，由式 $\omega=3\omega_0+\varepsilon\sigma$、$\sigma=o(1)$ 确定。这可理解为周期激励下的无阻尼系统。为了不出现永年项，式（5-22）右端不能含有 $e^{j\omega_0T_0}$ 或 $e^{-j\omega_0T_0}$ 这样的项，即要求式（5-22）右端的 Fourier 系数为零。

将 $\omega=3\omega_0+\varepsilon\sigma$、$\sigma=o(1)$ 和式（5-24）代入式（5-22），得消除永年项的条件为

$$-[2j\omega_0(D_1A+\mu A)+6\alpha_3AB^2+3\alpha_3A^2\bar{A}+3\alpha_3\bar{A}^2Be^{j\sigma T_1}]=0 \tag{5-25}$$

将式 $A(T_1)=\dfrac{a(T_1)}{2}e^{j\beta}$、$\bar{A}(T_1)=\dfrac{a(T_1)}{2}e^{-j\beta}$ 代入式（5-25），分离实虚部，得到下列极坐标形式的关于模态振幅 a 和相位角 β 的一次近似解的微分方程

$$\begin{cases}D_1a=-\mu a-\dfrac{3\alpha_3B}{4\omega_0}a^2\sin(\sigma T_1-3\beta)\\aD_1\beta=\dfrac{3\alpha_3B^2}{\omega_0}a+\dfrac{3\alpha_3}{8\omega_0}a^3+\dfrac{3\alpha_3B}{4\omega_0}a\cos(\sigma T_1-3\beta)\end{cases} \tag{5-26}$$

令 $(\sigma T_1-3\beta)=\varphi$，得到 1/3 次亚谐共振的慢时变的幅值和相位满足的自治系统微分方程

$$\begin{cases}D_1a=-\mu a-\dfrac{3\alpha_3B}{4\omega_0}a^2\sin\varphi\\aD_1\varphi=a(\sigma-\dfrac{9\alpha_3B^2}{\omega_0})-\dfrac{9\alpha_3}{8\omega_0}a^3-\dfrac{9\alpha_3B}{4\omega_0}a^2\cos\varphi\end{cases} \tag{5-27}$$

相应的一次近似解为

$$\alpha(t)=a(\varepsilon t)\cos\frac{\omega t-\varphi(\varepsilon t)}{3}+\frac{f}{\omega_0^2-\omega^2}\cos\omega t \tag{5-28}$$

令式（5-27）中 $D_1a=0$、$D_1\varphi=0$，消去 φ，得到 1/3 次亚谐共振的幅频响应方程

$$9\mu^2+\left(\sigma-\frac{9\alpha_3B^2}{\omega_0}-\frac{9\alpha_3}{8\omega_0}a^2\right)^2=\left(\frac{9\alpha_3Ba}{4\omega_0}\right)^2 \tag{5-29}$$

这是关于 a^2 的二次代数方程，解出

$$a^2=P\pm\sqrt{P^2-Q} \tag{5-30}$$

其中 $P=\dfrac{8\omega_0\sigma}{9\alpha_3}-6B^2$，

$$Q=\left(\frac{8\omega_0}{9\alpha_3}\right)^2\left[9\mu^2+\left(\sigma-\frac{63\alpha_3B^2}{8\omega_0}\right)^2\right]>0 \tag{5-31}$$

由于$Q>0$，式（5-30）取正解的条件是$P>0$且$P^2\geqslant Q$，由此得到1/3次亚谐共振的必要条件

$$B_2<\frac{4\omega_0\sigma}{27\alpha_3},2\mu\leqslant\frac{\alpha_3 B^2}{\omega_0}\left(\sigma-\frac{63\alpha_3 B^2}{8\omega_0}\right) \tag{5-32}$$

此处第一个不等式要求$\sigma>0$，这说明对于硬刚度系统，1/3次亚谐共振发生在激励频率ω略高于$3\omega_0$的频段上。第二个不等式表明增加阻尼可破坏1/3次亚谐共振。当上述条件不满足时，式（5-32）只有定常解$a=0$。由式（5-28）可见，此时系统的一次近似响应与线性系统在远离共振频段的响应相同。

为进一步讨论1/3次亚谐共振的必要条件，视式（5-32）中的B^2为未知量，解二次不等式得

$$\frac{27\alpha_3 B^2}{4\omega_0}<\sigma,\left|\frac{63\alpha_3 B^2}{4\omega_0}-\sigma\right|\leqslant\sqrt{\sigma^2-63\mu^2} \tag{5-33}$$

不难证明，式（5-33）中第二个不等式覆盖了第一个，从而成为1/3次亚谐共振的存在条件。该条件可以用原始参数表示为

$$\left|\frac{63\alpha_3}{4\omega_0}\left(\frac{4F\cos\theta}{n\pi\rho A}\frac{1}{2(\omega_0^2-\omega^2)}\right)^2-\sigma\right|\leqslant\sqrt{\sigma^2-63\mu^2} \tag{5-34}$$

类似主共振定常解的稳定性分析，将方程（5-26）在（a，φ）处线性化，形成关于扰动量Δa和$\Delta\varphi$的自治微分方程

$$D_1\Delta a=-\left(\mu-\frac{3\alpha_3 B}{2\omega_0}a\sin\varphi\right)\Delta a-\frac{3\alpha_3 B}{4\omega_0}a^2\cos\varphi\Delta\varphi$$

$$D_1\Delta\varphi=-\frac{9\alpha_3}{4\omega_0}(a+B\cos\varphi)\Delta a+\frac{9\alpha_3 B}{4\omega_0}\sin\varphi\Delta\varphi \tag{5-35}$$

消去上两式中的$\sin\varphi$、$\cos\varphi$，得到

$$D_1\Delta a=-3\mu-\frac{a}{3}\left(\sigma-\frac{9\alpha_3}{8\omega_0}a^2-\frac{9\alpha_3 B^2}{\omega_0}a\right)\Delta\varphi$$

$$D_1\Delta\varphi=-\left(\frac{\sigma}{a}+\frac{9\alpha_3}{8\omega_0}a-\frac{9\alpha_3 B^2}{\omega_0 a}\right)\Delta a-\frac{3\mu}{a}\Delta\varphi \tag{5-36}$$

得到式（5-36）关于特征根λ特征方程

$$\det\begin{bmatrix}-3\mu-\lambda & -\frac{a}{3}\left(\sigma-\frac{9\alpha_3}{8\omega_0}a^2-\frac{9\alpha_3 B^2}{\omega_0}a\right)\\ -\left(\frac{\sigma}{a}+\frac{9\alpha_3}{8\omega_0}a-\frac{9\alpha_3 B^2}{\omega_0 a}\right) & -\frac{3\mu}{a}-\lambda\end{bmatrix}=0 \tag{5-37}$$

展开得

$$\lambda^2+6\mu\lambda+\mu^2-\frac{1}{3}\left(\sigma-\frac{9\alpha_3}{8\omega_0}a^2-\frac{9\alpha_3 B^2}{\omega_0}a\right)\left(\sigma+\frac{9\alpha_3}{8\omega_0}a^2-\frac{9\alpha_3 B^2}{\omega_0}\right)=0 \tag{5-38}$$

由于$\mu>0$，由条件Routh-Hurwitz判据可得定常解稳定的条件

$$\mu^2-\frac{1}{3}\left(\sigma-\frac{9\alpha_3}{8\omega_0}a^2-\frac{9\alpha_3 B^2}{\omega_0}a\right)\left(\sigma+\frac{9\alpha_3}{8\omega_0}a^2-\frac{9\alpha_3 B^2}{\omega_0}\right)>0 \tag{5-39}$$

在下面的数值计算中取参数：弹性模量$E=2.1\times10^8$ kN/m^2，密度$\rho=78$kN/m^3，横截面面积$A=0.0072$m^2，长度$l=1.4$m，阻尼系数$r=0.0002$，热膨胀系数$\alpha_s=12.5\times10^{-6}$/℃，高度$h=0.02$m，倾斜角$\theta=35°$，激励幅值$F=200$N，初始温度$t_0=20$℃，温

度影响系数 $t_1=20$℃。由式（5-29）可以计算系统 1/3 亚谐共振的响应曲线，分析不同参数对响应曲线的影响。

由图 5-6（a）～（e）可知，当增大横截面面积 A、长度 l、初始温度 t_0、温度影响系数 t_1 和激励幅值 F 时，可以增大系统的共振区域，同时振幅也有所减小。由图 5-6（f）～（i）可知，当增大高 h、弹性模量 E 和阻尼系数 r 时，可以减小系统的共振区域，振幅也减小。图 5-6（i）的振幅是上边的大值减小，下边的小值增大，完全顺着区域缩了一圈。

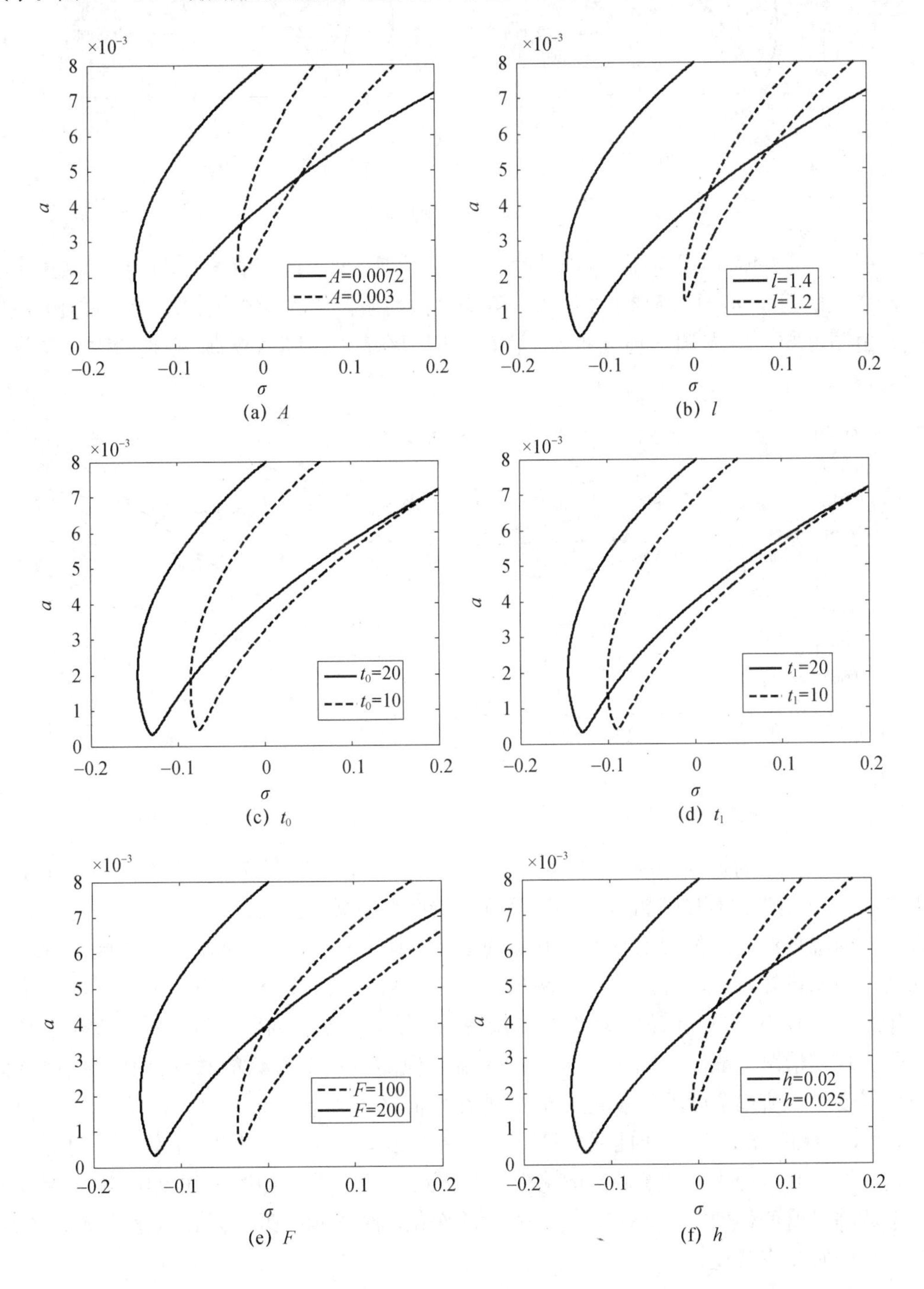

(a) A　(b) l

(c) t_0　(d) t_1

(e) F　(f) h

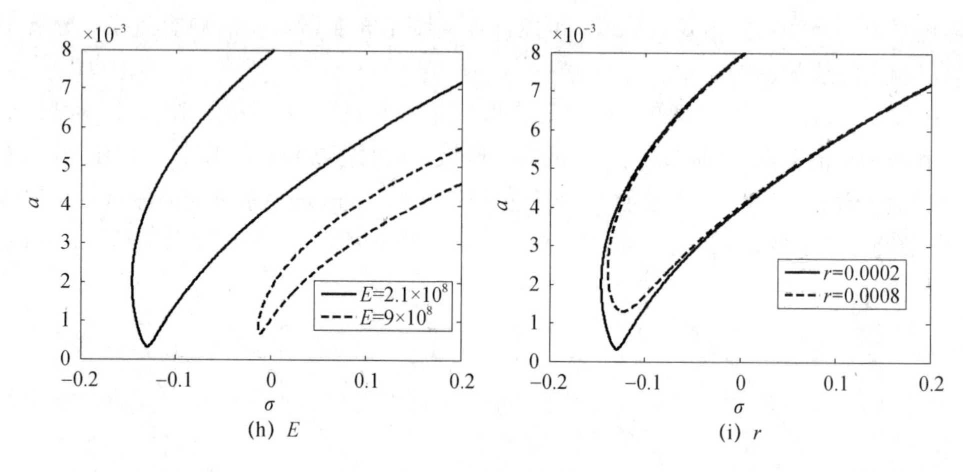

图 5-6　幅频响应曲线

图 5-7 为振幅-横截面面积响应曲线，由图可知，增大调谐值 σ 振动幅值和共振区增大，增大横截面面积可以减小系统 1/3 亚谐共振的振幅。图 5-8 为振幅-激励幅值响应曲线，由图可知，增大调谐值 σ 振动幅值和共振区增大，随着激励 F 的增大，幅值也增大。

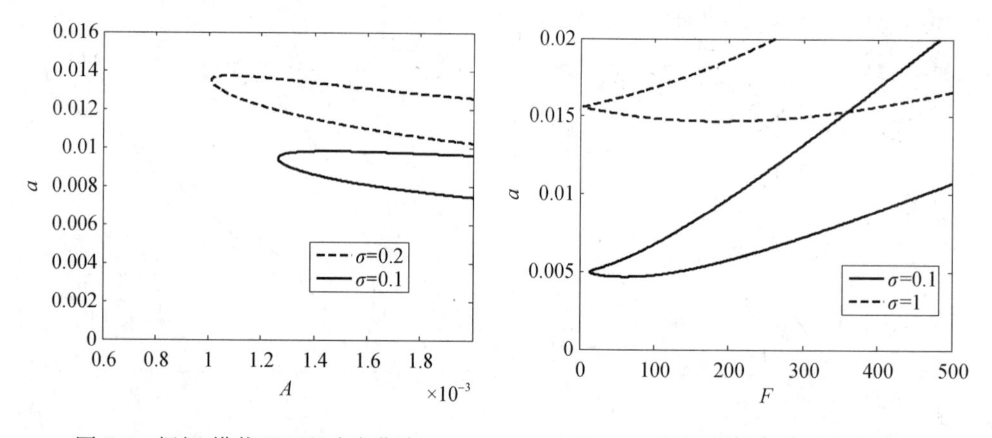

图 5-7　振幅-横截面面积响应曲线　　图 5-8　振幅-激励幅值响应曲线

图 5-9（a）为振幅-初始温度响应曲线，由图可知，随着初始温度的增大，振幅增大，在 55℃附近出现临界温度，68℃附近开始最大值减小。当调谐值 σ 增大时，振幅增大了，但临界温度的位置没有发生明显的变化。图 5-9（b）为振幅-温度影响系数响应曲线，由图可知，随着温度影响系数的增大，振幅增大，在 80℃附近断开，90℃附近开始最大值减小。当调谐值 σ 增大时，振幅增大了，但临界温度的位置没有发生明显的变化。现实情况一般不可能达到 90℃的高温，但随着各个参数的联动变化，此温度值很可能变化，所以危险的温度值可能出现在低温区域。如图 5-10 所示，$l=1.5$ 与 $l=1.4$ 时，振幅随温度的变化曲线，随着杆长的增长，临界温度的位置发生了明显的偏移，如图 5-10（a）中，初始温度的临界值偏移到 38～50℃，如图 5-10（b）中，温度影响系数临界值偏移到 50～58℃，均有明显的变化，越来越接近常温，这是非常危险的，在设计的时候应避免。

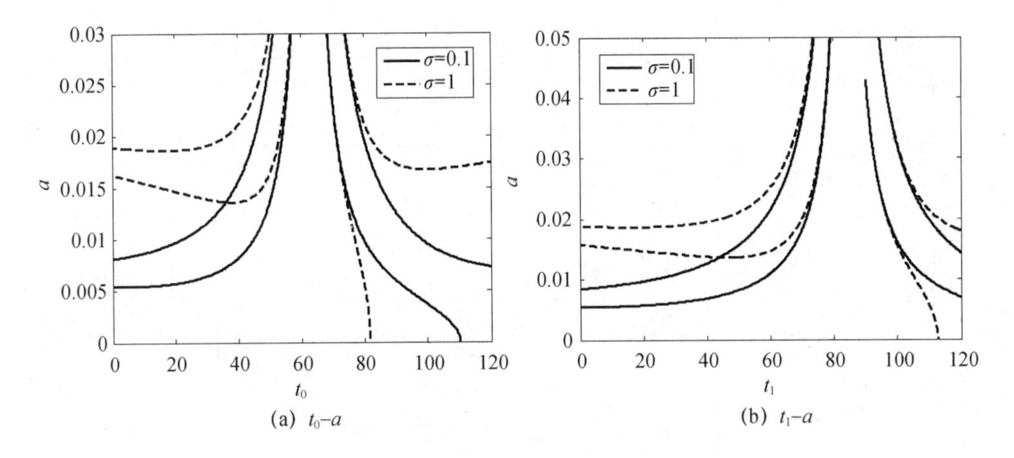

(a) t_0–a　　(b) t_1–a

图 5-9　振幅-温度响应曲线（σ）

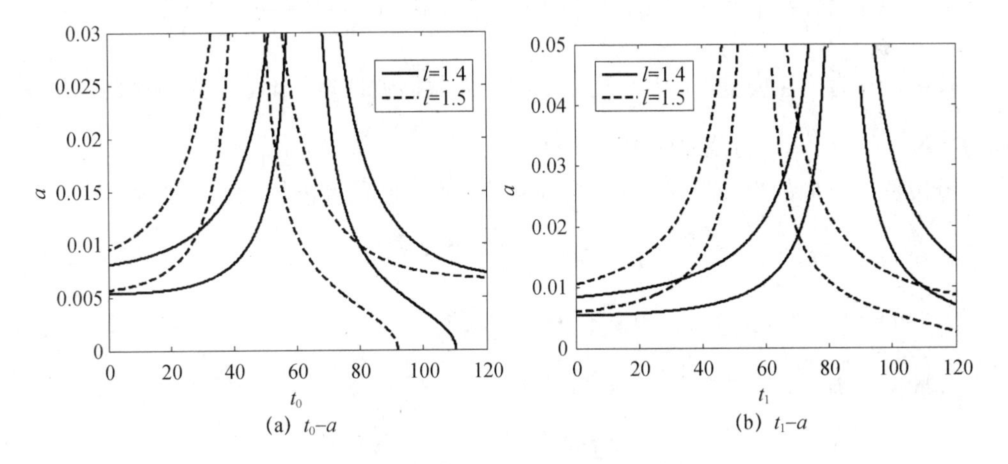

(a) t_0–a　　(b) t_1–a

图 5-10　振幅-温度响应曲线（l）

当增大横截面面积 A、初始温度、温度影响系数 t_1 和激励幅值 F 时，可以增大系统的共振区域，同时振幅也有所减小。当增大高 h、弹性模量 E 和阻尼系数 r 时，可以减小系统的共振区域。图 5-9 和图 5-10 表明温度增大到一定值，临界温度出现，随着杆长等参数的变化，临界温度出现的值越来越接近常温，这是非常危险的，应该在设计时避免。这表明梁具有丰富的非线性动力学特性。

5.1.2　RLC 电路与微梁耦合系统数学模型

电容有一个长为 l、宽为 b、厚为 h 的极板，两端简支约束，极板的间距为 d，如图 5-11 所示。两极板与电阻 R 和电感 L 串接，在电场力、弹性力、阻尼力以及惯性力的作用下，极板可以沿着垂直方向自由振动。系统可简化为两个自由度，一个是横向位移“w”，另一个是电荷量“q”，以此建立极板的坐标系，w 和 q 为广义坐标。用拉格朗日-麦克斯韦方程可以建立耦合方程。

首先，为了确保系统中存在各种能量，系统的动能和势能如下

$$T = \frac{1}{2}\rho bh\int_0^l \left(\frac{\partial w}{\partial t}\right)^2 \mathrm{d}x$$

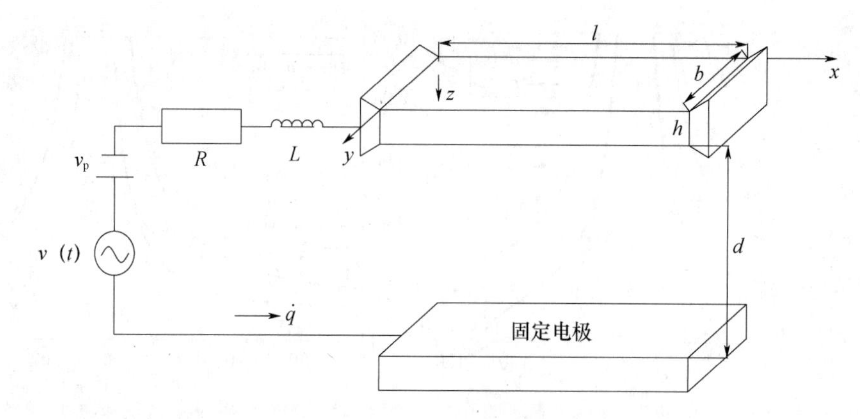

图 5-11 RLC与微梁的耦合模型

$$U=\frac{EI}{2(1-\nu^2)}\int_0^l\left(\frac{\partial^2 w}{\partial x^2}\right)^2\mathrm{d}x+\frac{1}{2}\hat{N}\int_0^l\left(\frac{\partial w}{\partial x}\right)^2\mathrm{d}x+\frac{EA}{8l(1-\nu^2)}\left[\int_0^l\left(\frac{\partial w}{\partial x}\right)^2\mathrm{d}x\right]^2$$

式中，E为弹性模量，GPa；$I=\frac{1}{12}bh^3$，为截面惯性矩，m^4；ν为泊松比；$\hat{N}$为轴向力，N；$A=b\cdot h$，为截面面积，m^2。

沿板宽y方向的横向位移"w"应为常数，有电场能和磁场能，分别为

$$W_\mathrm{e}=\frac{1}{2}\int_0^l\frac{d-w}{b\cdot\varepsilon_0}\cdot q^2\mathrm{d}x$$

$$W_\mathrm{m}=\frac{1}{2}L\dot{q}^2$$

耗散函数为

$$F_\mathrm{e}=\frac{1}{2}R\dot{q}^2+\frac{1}{2}\int_0^l\hat{c}\cdot\left(\frac{\partial w}{\partial t}\right)^2\mathrm{d}x$$

非保守广义力为

$$E=v_\mathrm{p}+v(t),F=\frac{\varepsilon_0\varepsilon_\mathrm{r}b(v_\mathrm{p}+v(t))^2}{2(d-w)^2}$$

式中，ε_0为真空介电常数；ε_r为相对介电常数。

系统的拉格朗日函数为

$$\begin{aligned}La&=T+W_\mathrm{m}-U-W_\mathrm{e}\\&=\frac{1}{2}\rho bh\int_0^l\left(\frac{\partial w}{\partial t}\right)^2\mathrm{d}x+\frac{1}{2}L\dot{q}^2-\frac{EI}{2(1-\nu^2)}\int_0^l\left(\frac{\partial^2 w}{\partial x^2}\right)^2\mathrm{d}x-\frac{1}{2}\hat{N}\int_0^l\left(\frac{\partial w}{\partial x}\right)^2\mathrm{d}x-\\&\quad\frac{EA}{8l(1-\nu^2)}\left[\int_0^l\left(\frac{\partial w}{\partial x}\right)^2\mathrm{d}x\right]^2-\frac{1}{2}\int_0^l\frac{d-w}{b\cdot\varepsilon_0}\cdot q^2\mathrm{d}x\end{aligned}\tag{5-40}$$

根据拉格朗日-麦克斯韦方程，可以得到该系统的运动微分方程

$$\begin{cases}\frac{\mathrm{d}}{\mathrm{d}t}(\frac{\partial La}{\partial\dot{q}})-\frac{\partial La}{\partial q}+\frac{\partial F_\mathrm{e}}{\partial\dot{q}}=v_\mathrm{p}+v(t)\\\frac{\mathrm{d}}{\mathrm{d}t}(\frac{\partial La}{\partial\dot{w}})-\frac{\partial La}{\partial w}+\frac{\partial F_\mathrm{e}}{\partial\dot{w}}=\frac{\varepsilon_0\varepsilon_\mathrm{r}b\ (v_\mathrm{p}+v(t))^2}{2\ (d-w)^2}\end{cases}\tag{5-41}$$

整理得到

$$\begin{cases} L \cdot \ddot{q} + R \cdot \dot{q} + \int_0^l \dfrac{d-w}{b\varepsilon_0} \mathrm{d}x \cdot q = v_\mathrm{p} + v(t) \\ \rho bh \dfrac{\partial^2 w}{\partial t^2} + \dfrac{EI}{1-\nu^2} \dfrac{\partial^4 w}{\partial x^4} - \left[\dfrac{EA}{2l(1-\nu^2)} \int_0^l \left(\dfrac{\partial w}{\partial x} \right)^2 \mathrm{d}x + \hat{N} \right] \dfrac{\partial^2 w}{\partial x^2} + \\ \hat{c} \dfrac{\partial w}{\partial t} - \dfrac{1}{2} \dfrac{1}{b\varepsilon_0} q^2 = \dfrac{\varepsilon_0 \varepsilon_\mathrm{r} b (v_\mathrm{p} + v(t))^2}{2(d-w)^2} \end{cases} \tag{5-42}$$

当电路系统处于放电结束瞬间，电容器极板电量 $q=0$，此时耦合系统转化为微梁振动系统，因此式（5-42）转化为

$$\rho bh \frac{\partial^2 w}{\partial t^2} + \frac{EI}{1-\nu^2} \frac{\partial^4 w}{\partial x^4} - \left[\frac{EA}{2l(1-\nu^2)} \int_0^l \left(\frac{\partial w}{\partial x} \right)^2 \mathrm{d}x + \hat{N} \right] \frac{\partial^2 w}{\partial x^2} + \hat{c} \frac{\partial w}{\partial t} = \frac{\varepsilon_0 \varepsilon_\mathrm{r} b (v_\mathrm{p} + v(t))^2}{2(d-w)^2} \tag{5-43}$$

为了在理论上精确地研究 RLC 电路与微梁耦合系统的静动力学行为，捕捉单稳态大幅振动的参数空间，传统的降维方法很难通过较少的自由度对系统进行准确的理论分析。本章中引入非线性伽辽金方法处理连续体模型，对其进行降维。非线性伽辽金方法是对伽辽金方法的进一步发展，通过伽辽金离散方法使原动力学系统变成多个流形的叠加，非线性伽辽金方法可以建立多个流形之间的定量关系，将高维流形映射到低维空间，使原有高维动力系统能够用低维空间准确地进行描述。下面详细地介绍非线性伽辽金离散的步骤。

（1）选取无阻尼直梁的线性模态振型作为非线性伽辽金离散的基函数，无量纲动力学方程解的形式可以近似表示为下列形式

$$w(x,t) = \sum_{i=1}^{\infty} u_i(t) \phi_i(x)$$

其中，ϕ_i（x）是直梁的第 i 阶模态振型函数，根据其正交性，有公式

$$\int_0^1 \phi_i \phi_j \mathrm{d}x = \delta_{ij}$$

可通过下列方程对振型函数进行求解

$$(1+\eta)\phi_i^{iv} = N\phi_i'' + \omega_i^2 \phi_i$$

以边界条件推导代表边界值问题，根据机械振动的基本知识，我们可以通过双曲函数和三角函数解析地求出上述方程的表达式，借助数值求解方法求取系统的共振频率，其结果可以用打靶法进行验证。

（2）微机电系统中，存在电场的分数项，准确地处理静电力项是分析机电耦合系统动力学问题的关键所在，对无量纲动力学方程可以消除原动力学方程中的分数项，将连续体偏微分方程离散为下述常微分方程组的形式，原动力系统变成多个流形叠加的形式。

我们对静电力形式考虑为

$$F = \frac{\varepsilon_0 \varepsilon_\mathrm{r} b [v_\mathrm{p} + v(t)]^2}{2(d-w)^2}$$

（3）将上式写成下述一阶常微分方程形式，系统扩展为 $2M$ 维流形，并将线性项和非线性项分离。

$$\ddot{q}_n+\omega_n^2 q_n+c_n\dot{q}_n-2\sum_{i,j=1}q_iq_j\int_0^1\phi_i\phi_j\phi_n\mathrm{d}x+\sum_{i,j,k=1}q_iq_j\ddot{q}_k\int_0^1\phi_i\phi_j\phi_k\phi_n dx=2\sum_{i,j=1}^{M}\omega_i^2q_iq_j\int_0^1\phi_i\phi_j\phi_n\mathrm{d}x-\sum_{i,j,k=1}^{M}\omega_i^2q_iq_j\ddot{q}_k\int_0^1\phi_i\phi_j\phi_k\phi_n dx+2c_n\sum_{i,j=1}^{M}q_i\dot{q}_j\int_0^1\phi_i\phi_j\phi_n\mathrm{d}x-\sum_{i,j,k=1}^{M}q_iq_j\dot{q}_k\int_0^1\phi_i\phi_j\phi_k\phi_n dx$$

（4）将 x 写成低维流形和高维流形叠加形式，将矩阵的列向量扩展成 M 维子空间的形式，可以进一步推导得到耦合形式的方程。

（5）结合系统的动力学响应，建立低维流形和高维流形的关系。在本章中，我们考虑原动力系统在基频振动下的动力学行为，此时将高维流形的近似表达式代入低维流形，用低维流形描述原动力学系统。

原动力学系统中同时包含了低频部分和高频部分的信息，由于在主共振驱动下，系统主要以第一阶固有频率振动，高频部分对系统的影响很弱。在这里，我们考虑忽略此项的影响。

（6）结合实际问题，完成降维后的动力学方程。由于本章的目的是给出一种理论分析非线性系统大幅振动的有效方法，在伽辽金离散过程中可保留到第三阶模态。由于系统的二阶模态在基频对称驱动力下无法被激励，忽略二阶振型。

通过上述六个步骤，我们详细描述了非线性伽辽金的计算过程，同时得到了本章动力学系统的单自由度化简模型，其包含了原有系统第一阶模态的信息，改善了原有弹簧振子模型的不足。同时弹簧振子模型是基于系统小幅振动假设的，随着振动幅值的增加，弹簧振子模型与真实值的误差逐渐增加。本章利用上述求得的改善后的单自由度模型分析系统的单稳态大幅振动情况，给出系统周期鞍结分岔的参数空间，同时引入有限元仿真结果和微分求积结果，验证了本章理论分析的正确性。

根据非线性伽辽金离散的原理，本章只将式（5-43）偏微分方程转化为常微分方程，对于两端简支约束的微梁，将满足内力和位移边界条件的解取为如下形式

$$w(x,t)=w_0(t)\sin\frac{\pi}{l}x \tag{5-44}$$

式中，w_0（t）为微梁中点处的位移，m。

将式（5-44）代入式（5-43），并采用伽辽金方法进行积分

$$\iint_A\left\{\rho bh\frac{\partial^2 w_0}{\partial t^2}\sin\frac{\pi}{l}x+\frac{EI}{1-\nu^2}\left(\frac{\pi}{l}\right)^4\sin\frac{\pi}{l}x\cdot w_0+\left[\frac{EA}{2l(1-\nu^2)}w_0^2\left(\frac{\pi}{l}\right)^2\int_0^l\left(\cos\frac{\pi}{l}x\right)^2\mathrm{d}x+\hat{N}\right]w_0\left(\frac{\pi}{l}\right)^2\sin\frac{\pi}{l}x+\hat{c}\frac{\partial w_0}{\partial t}\sin\frac{\pi}{l}x-\frac{\varepsilon_0\varepsilon_r b[v_p+v(t)]^2}{2\,(d-w_0)^2}\right\}\sin\frac{\pi}{l}x\mathrm{d}A=0 \tag{5-45}$$

进一步化简式（5-45），可以得到

$$\ddot{w}_0+D_1\cdot\dot{w}_0+D_2\cdot w_0+D_3\cdot w_0^3=D_4\frac{[v_p+v(t)]^2}{(d-w_0)^2} \tag{5-46}$$

式中：

$$D_1=\frac{\hat{c}}{\rho A},A=bh,D_2=\frac{\frac{EI}{1-\nu^2}\left(\frac{\pi}{l}\right)^4\iint_A\sin^2\frac{\pi}{l}x\mathrm{d}A+\hat{N}\left(\frac{\pi}{l}\right)^2\iint_A\sin^2\frac{\pi}{l}x\mathrm{d}A}{\rho A\iint_A\sin^2\frac{\pi}{l}x\mathrm{d}A},$$

$$D_3=\frac{\frac{EA}{2l(1-\nu^2)}\left(\frac{\pi}{l}\right)^4\int_0^l\left(\cos\frac{\pi}{l}x\right)^2\mathrm{d}x\iint_A\sin^2\frac{\pi}{l}x\,\mathrm{d}A}{\rho A\iint_A\sin^2\frac{\pi}{l}x\,\mathrm{d}A},D_4=\frac{\frac{1}{2}\varepsilon_0\varepsilon_r b\iint_A\sin\frac{\pi}{l}x\,\mathrm{d}A}{\rho A\iint_A\sin^2\frac{\pi}{l}x\,\mathrm{d}A}$$

为了便于分析，我们引入了下列无量纲量对式（5-46）进行无量纲处理，可得原 RLC 电路与微梁耦合系统的无量纲动力学方程

$$\ddot{\phi}(\tau)+\frac{D_1}{\omega}\dot{\phi}(\tau)+\phi(\tau)+\frac{D_3d^2}{\omega^2}\phi^3(\tau)=\frac{D_4}{\omega^2d^3}\frac{[v_p+v(t)]^2}{(1-\phi)^2} \tag{5-47}$$

式中：

$$\tau=\omega t,\xi=\frac{\pi x}{l},\phi=\frac{w_0}{d},\omega^2=D_2$$

式（5-47）等号右边的非线性电场力可以由泰勒级数进行展开

$$\frac{1}{(1-\phi)^2}=1+2\phi+3\phi^2+4\phi^3+o(\phi^4) \tag{5-48}$$

将式（5-48）代入式（5-47），得

$$\ddot{\phi}(\tau)+\frac{D_1}{\omega}\dot{\phi}(\tau)+\phi(\tau)+\frac{D_3d^2}{\omega^2}\phi^3(\tau)=\frac{D_4}{\omega^2d^3}(1+2\phi+3\phi^2+4\phi^3)[v_\mathrm{p}+v(t)]^2 \tag{5-49}$$

在式（5-49）中，微梁的位移由电压控制，直流电压 v_p 控制梁的静平衡位置，交流电压 $v(t)$ 控制梁在静平衡位置附近的振动位移。当取直流电压 $v_\mathrm{p}=0$ 时，研究微梁在交流激励下的动力学响应，可得下列方程

$$\ddot{\phi}(\tau)+\eta_1\dot{\phi}(\tau)+\phi(\tau)+\eta_2\phi^3(\tau)=\eta_3(1+2\phi+3\phi^2+4\phi^3)\cdot\sin^2\Omega\tau \tag{5-50}$$

式中：

$$\eta_1=\frac{D_1}{\omega},\eta_2=\frac{D_3d^2}{\omega^2},\eta_3=\frac{D_4v_0^2}{2\omega^2d^3},\Omega=\frac{\omega_1}{\omega},v(t)=v_0\sin\omega_1t=v_0\sin\frac{\omega_1}{\omega}\tau$$

将式（5-50）进一步化简为

$$\begin{aligned}&\ddot{\phi}(\tau)+\eta_1\dot{\phi}(\tau)+(1-2\eta_3)\phi(\tau)+2\eta_3\phi\cos2\Omega\tau+(3\eta_3\cos2\Omega\tau-3\eta_3)\phi^2(\tau)+\\&\quad(\eta_2-4\eta_3+4\eta_3\cos2\Omega\tau)\phi^3(\tau)=\eta_3-\eta_3\cos2\Omega\tau\end{aligned} \tag{5-51}$$

式（5-51）中等号右端第一项 η_3 只是影响微梁的静平衡位置，以下讨论交流激励下微梁的动力学特性可以忽略这一项。

对于式（5-51）做进一步整理，可得到下列方程：

$$\begin{aligned}&\ddot{u}+\eta_1\dot{u}+\omega_0^2u+2\eta_3\cos\bar{\omega}\tau\cdot u+(3\eta_3\cos\bar{\omega}\tau-3\eta_3)u^2+(\eta_2-4\eta_3+4\eta_3\cos\bar{\omega}\tau)u^3\\&=-\eta_3\cos\bar{\omega}\tau\end{aligned} \tag{5-52}$$

式中，$u=\phi$；$\bar{\omega}=2\Omega$；$\omega_0^2=1-2\eta_3$。

MEMS 领域常用静电力或者电磁力来驱动微构件。静电力驱动广泛应用于微谐振器、微光开关、微陀螺等众多微器件中。

随着结构尺寸缩小至微米量级，惯性力小于静电力。如图 5-11 所示，在微梁与基底间施加一电压，微梁受静电力作用发生变形，变形导致表面电荷的分布情况破坏，使电场强度重新分布，如此反复直至结构达到新的平衡状态。随着电压的增加，微梁在发

生大变形时将会与基底接触，此时结构稳定状态破坏。直流电压作用下，可以使微梁发生形变产生静态位移。当其超过一定临界值时，两块平行板电容会发生吸合，此时的临界直流电压定义为静态吸合电压；另一方面，交流电压远小于直流电压，产生微梁的动态变形。研究时，可以忽略交流电压的高次项，进而忽略高次谐波项。

静电驱动微结构的吸合效应来源于静电力的非线性。根据库仑定律可以知道，静电力弹性力线性增加的同时，静电力是非线性增加的。当结构的间隙达到某一特定的值时，弹性力与静电力平衡，之后静电力大于弹性力，使得结构的电极板之间吸合到一起，也就是所谓的“吸合效应”。因为平衡间距会随着电压的增加而变小，所以一定存在一个特殊的电压点，使平衡的稳定性消失，这个电压点叫作吸合电压（pull-in voltage）。

$$F=\frac{\varepsilon_0\varepsilon_r b[v_p+v(t)]^2}{2(d-w)^2}$$

根据前面的推导可以得到极板的振动方程（5-46）

$$\ddot{w}_0+D_1\cdot\dot{w}_0+D_2\cdot w_0+D_3\cdot w_0^3=D_4\frac{[v_p+v(t)]^2}{(d-w_0)^2}$$

考虑极板间的吸合电压问题，在静电力和弹性力共同作用下，当极板移动到某一位置时，系统处于平衡状态，可以得到控制方程

$$D_2\cdot w_0+D_3\cdot w_0^3=D_4\frac{[v_p+v(t)]^2}{(d-w_0)^2} \tag{5-53}$$

将式（5-53）改写为

$$(D_2\cdot w_0+D_3\cdot w_0^3)(d-w_0)^2=D_4[v_p+v(t)]^2 \tag{5-54}$$

式（5-53）中，静电力为非线性力，弹性力也为非线性力。

当系统发生吸合时，静态位移的稳定分支和不稳定分支相交，动力学方程的特征值趋近于零，因此吸合电压对应着静态分岔的鞍结分岔点。吸合发生时，有方程式$\frac{\mathrm{d}v(t)}{\mathrm{d}w_0}=0$。我们定义为系统发生吸合时的数学条件。当极板处于临界平衡位置的时候（只考虑交流电压激励作用），由于激励电压与极板的振动位移无关，此时有$\frac{\mathrm{d}v(t)}{\mathrm{d}w_0}=0$，将式（5-54）对 w_0 求导，可得

$$5D_3\cdot w_0^3-3dD_3\cdot w_0^2+3D_2\cdot w_0-D_2d=0 \tag{5-55}$$

式（5-55）为一元三次方程，存在三个根，由 Matlab 可以解出这三个根分别为 $w_0=0.462\times10^{-6}$，$w_0=0.123\times10^{-6}-0.797\times10^{-6}i$，$w_0=0.123\times10^{-6}+0.797\times10^{-6}i$。

可以看出，当极板的位移达到 $w_0=0.462\times10^{-6}\mathrm{m}$ 的时候，静电力与弹性力达到平衡，此时的电压值即为吸合电压。将求得的 w_0 代回原方程，即

$$V=\left[\frac{4(D_2\cdot w_0+D_3\cdot w_0^3)(d-w_0)^2}{D_4}\right]^{\frac{1}{2}}=31.1\mathrm{V}$$

上式就是极板在交流电压激励作用下的吸合电压值。

在本小节中，我们综合研究了尺度效应、轴向残余应力、直流电压对系统静态位移的影响，同时引入微分求积方法对理论结果进行验证。我们选取的一组典型的物理参数

为 $E=190\text{GPa}$，$\nu=0.27$，$\rho=2300\text{kg/m}^3$，$\hat{N}=0.0009\text{N}$，$\varepsilon_0=8.85\times10^{-12}$，$\varepsilon_r=1$，$l=210\mu\text{m}$，$b=100\mu\text{m}$，$h=1.5\mu\text{m}$，$d=1.18\mu\text{m}$。

图 5-12 是激励电压与间隙高度的响应曲线。对于每一个激励电压值，极板都有两个可能的平衡位置。单极板驱动微梁系统的静态位移曲线由稳定分支和不稳定分支组成，稳定分支决定了系统对应哈密顿系统的势阱点，不稳定分支决定了哈密顿吸合的势垒点。势阱点对系统的平衡位置和固有频率起着决定作用，随着振幅的增大，势垒点将会影响系统的非线性动力学行为。在不稳定分支部分，一阶非线性伽辽金离散结果的不稳定分支与仿真结果误差较小，能够进行定性的大幅振动研究。曲线下部分为不稳定分支，当激励电压增大时，电场力增大使极板的间距 d 减小，进而使电容、电场增大，在 $w_0=0.462\times10^{-6}\text{m}$ 处，静电力大于机械恢复力，其使上极板发生下移。

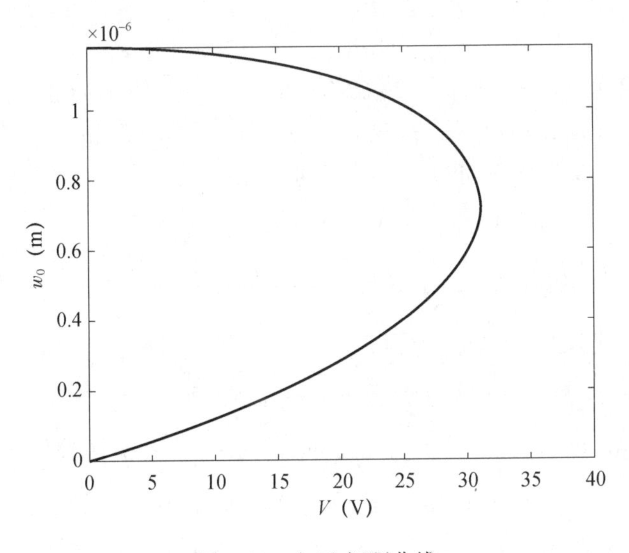

图 5-12　电压-间距曲线

通过对微梁的静电驱动特性的分析，得到在一组固定的参数下（$l=210\mu\text{m}$，$b=100\mu\text{m}$，$h=1.5\mu\text{m}$，$d=1.18\mu\text{m}$），微梁的吸合电压值 $V_{吸合}=31.1\text{V}$。微梁要控制静电驱动电压，使其不超过吸合电压值，才能使 RLC 电路与微梁耦合系统正常工作。

5.2　RLC 电路与微梁系统的主共振

5.2.1　主共振理论分析

通过静态分析，可以得到系统的平衡点、吸合电压、吸合点位置，以及直流电压和静态位移的对应关系。由 5.1 节推导的数学模型，可以得到微梁的有阻尼非线性振动方程。所谓主共振，是指外激励频率 $\bar{\omega}$ 接近派生系统固有频率 ω_0 时的共振。如果系统是线性小阻尼系统，很小的激励幅值 $-\eta_3$ 就能激起强烈的共振。非线性力、阻尼力、外激励、惯性力、线性力相比是小量，在非线性项、阻尼项和激励项前面冠以小参数 ε，可以得到系统的动力学方程为

$$\ddot{u}+\omega_0^2u=\varepsilon[-\eta_1\dot{u}-2\eta_3\cos\bar{\omega}\tau\cdot u-(3\eta_3\cos\bar{\omega}\tau-3\eta_3)u^2-(\eta_2-4\eta_3+4\eta_3\cos\bar{\omega}\tau)u^3-\eta_3\cos\bar{\omega}\tau] \tag{5-56}$$

当激励频率和固有频率满足下面关系时

$$\bar{\omega}=\omega_0+\varepsilon\sigma,\sigma=O(1)$$

将上式代入式（5-56）可得

$$\ddot{u}+\omega_0^2u=\varepsilon\{-\eta_1\dot{u}-2\eta_3\cos(\omega_0+\varepsilon\sigma)\tau\cdot u-[3\eta_3\cos(\omega_0+\varepsilon\sigma)\tau-3\eta_3]u^2-[\eta_2-4\eta_3+4\eta_3\cos(\omega_0+\varepsilon\sigma)\tau]u^3-\eta_3\cos(\omega_0+\varepsilon\sigma)\tau\} \tag{5-57}$$

采用多尺度方法对方程（5-57）进行求解，引入两个时间尺度参数

$$u(\tau)=u_0(T_0,T_1)+\varepsilon u_1(T_0,T_1)$$

将上式时间尺度参数代入式（5-57），比较方程两端同次幂的系数，得到一组线性偏微分方程

$$D_0^2u_0+\omega_0^2u_0=0 \tag{5-58}$$

$$D_0^2u_1+\omega_0^2u_1=-2D_0D_1u_0-\eta_1D_0u_0-2\eta_3\cos(\omega_0+\varepsilon\sigma)T_0u_0-[3\eta_3\cos(\omega_0+\varepsilon\sigma)T_0-3\eta_3]u_0^2-\eta_3\cos(\omega_0+\varepsilon\sigma)T_0-[\eta_2-4\eta_3+4\eta_3\cos(\omega_0+\varepsilon\sigma)T_0]u_0^3 \tag{5-59}$$

可知，方程（5-58）的解可以表示成下列形式：

$$u_0(T_0,T_1)=A(T_1)e^{j\omega_0T_0}+\bar{A}(T_1)e^{-j\omega_0T_0} \tag{5-60}$$

式中，$A(T_1)=\frac{a(T_1)}{2}e^{j\beta(T_1)}$，$\bar{A}(T_1)=\frac{a(T_1)}{2}e^{-j\beta(T_1)}$。

将式（5-60）代入式（5-59），可得

$$\begin{aligned}D_0^2u_1+\omega_0^2u_1=&-2D_0D_1(Ae^{j\omega_0T_0}+\bar{A}e^{-j\omega_0T_0})-\eta_1D_0(Ae^{j\omega_0T_0}+\bar{A}e^{-j\omega_0T_0})-2\eta_3\cos(\omega_0+\varepsilon\sigma)T_0\\&(Ae^{j\omega_0T_0}+\bar{A}e^{-j\omega_0T_0})-[3\eta_3\cos(\omega_0+\varepsilon\sigma)T_0-3\eta_3](Ae^{j\omega_0T_0}+\bar{A}e^{-j\omega_0T_0})^2-\\&[\eta_2-4\eta_3+4\eta_3\cos(\omega_0+\varepsilon\sigma)T_0](Ae^{j\omega_0T_0}+\bar{A}e^{-j\omega_0T_0})^3-\eta_3\cos(\omega_0+\varepsilon\sigma)T_0\\=&-2D_1j\omega_0Ae^{j\omega_0T_0}-\eta_1j\omega_0Ae^{j\omega_0T_0}-\eta_3(Ae^{j(2\omega_0T_0+\sigma T_1)}+\bar{A}e^{j\sigma T_1})-\\&\frac{3}{2}\eta_3[A^2e^{j(3\omega_0T_0+\sigma T_1)}+A^2e^{j(\omega_0T_0-\sigma T_1)}+2A\bar{A}e^{j(\omega_0T_0+\sigma T_1)}]+3\eta_3(A^2e^{j2\omega_0T_0}+\\&A\bar{A})-(\eta_2-4\eta_3)(A^3e^{j3\omega_0T_0}+3A^2\bar{A}^{j\omega_0T_0})-2\eta_3[A^3e^{j(4\omega_0T_0+\sigma T_1)}+\\&3A^2\bar{A}^{j(2\omega_0T_0+\sigma T_1)}+3\bar{A}^2Ae^{j\sigma T_1}+\bar{A}^3e^{j(-2\omega_0T_0+\sigma T_1)}]-\frac{\eta_3}{2}e^{j(\omega_0T_0+\sigma T_1)}+cc\end{aligned} \tag{5-61}$$

由式（5-61）可以得到消除永年项的条件为

$$2j\omega_0D_1A+\eta_1\omega_0jA+\frac{3}{2}\eta_3A^2e^{-j\sigma T_1}+3\eta_3A\bar{A}e^{j\sigma T_1}+3(\eta_2-4\eta_3)A^2\bar{A}+\frac{1}{2}\eta_3e^{j\sigma T_1}=0 \tag{5-62}$$

将 $A(T_1)=\frac{a(T_1)}{2}e^{j\beta(T_1)}$、$\bar{A}(T_1)=\frac{a(T_1)}{2}e^{-j\beta(T_1)}$ 代入式（5-62），下式中 a 和 φ 分别代表振动的幅值和初相位，通过分离虚部和实部，可以得到下列分岔方程式

$$\begin{cases}D_1a=-\frac{\eta_1}{2}a-\left(\frac{3\eta_3}{8\omega_0}a^2+\frac{\eta_3}{2\omega_0}\right)\sin\varphi\\aD_1\varphi=\sigma a-\frac{3(\eta_2-4\eta_3)}{8\omega_0}a^3-\left(\frac{9\eta_3}{8\omega_0}a^2+\frac{\eta_3}{2\omega_0}\right)\cos\varphi\end{cases}$$

式中，$\varphi=\sigma T_1-\beta$。

由 $D_1a=0$、$D_1\varphi=0$，系统在主共振情况下的幅频响应方程可表示为

$$\left[\frac{\frac{\eta_1}{2}a}{\frac{3\eta_3}{8\omega_0}a^2+\frac{\eta_3}{2\omega_0}}\right]^2+\left[\frac{\sigma a-\frac{3(\eta_2-4\eta_3)}{8\omega_0}a^3}{\frac{9\eta_3}{8\omega_0}a^2+\frac{\eta_3}{2\omega_0}}\right]^2=1 \tag{5-63}$$

5.2.2　动力学分析

单稳态大幅振动在微机电系统中有广泛的应用，我们通过动力学分析得到单稳态大幅振动的最大振幅和物理参数空间。

小幅振动下，系统的软硬特性取决于二次非线性项和三次非线性项，其非线性项的大小是由系统的几何非线性和静电力非线性决定的，在这里我们首先给出系统小幅振动时软特性区间和硬特性区间。研究发现，随着直流电压的增加、平行板间距的降低，系统逐渐出现软非线性特性；相反的，随着直流电压减小，平行板间距增大，系统出现硬非线性特性。这和之前相关文献得出的结论是一致的。几何非线性会导致系统出现硬化，静电力非线性会导致系统出现软化。软非线性和硬非线性的临界参数条件可以通过 $\eta_3=0$ 求得，此时系统不存在周期鞍结分岔，表现为线性振动。

我们选取了一组典型的几何参数系数和电压值，给各参数赋值：$E=190\text{GPa}$，$\nu=0.27$，$\rho=2300\ \text{kg/m}^3$，$\hat{N}=0.0009\text{N}$，$\hat{c}=0.01\text{N}\cdot\text{s/m}$，$\varepsilon_0=8.85\times10^{-12}$，$\varepsilon_r=1$，$l=210\mu\text{m}$，$b=100\mu\text{m}$，$h=1.5\mu\text{m}$，$d=1.18\mu\text{m}$，$V_0=5\text{V}$。

图 5-13 和图 5-14 为频率振幅曲线的硬非线性行为，有“跳跃”和“多值”等非线性现象。改变参数后，电极板的振幅变化明显，有“跳跃”和“滞后”现象。增大极板长度和宽度，稳态响应幅度和共振面积增大，如图 5-13（a）、（b）所示。增大极板厚度或极板间距，稳态响应幅度和共振面积减小，如图 5-13（c）、（d）所示。增大激励电压值幅值能够增大共振的振幅和共振区域，如图 5-14（a）所示。增大轴向力可以减小共振的幅值和共振区域，并且能够使曲线向右倾斜减缓，硬非线性减弱，如图 5-14（b）所示。增大系统的阻尼可以减小共振的振幅和共振区域，如图 5-14（c）所示。由于随着几何非线性的增强，系统在小幅振动时表现出明显的硬非线性行为，因此抑制了交流电压的峰值，进而抑制了大幅振动的最大振幅。

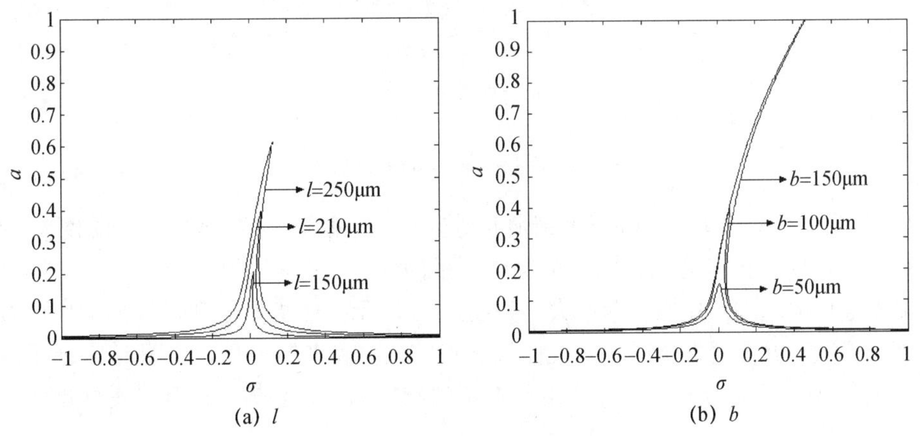

(a) l　　　　(b) b

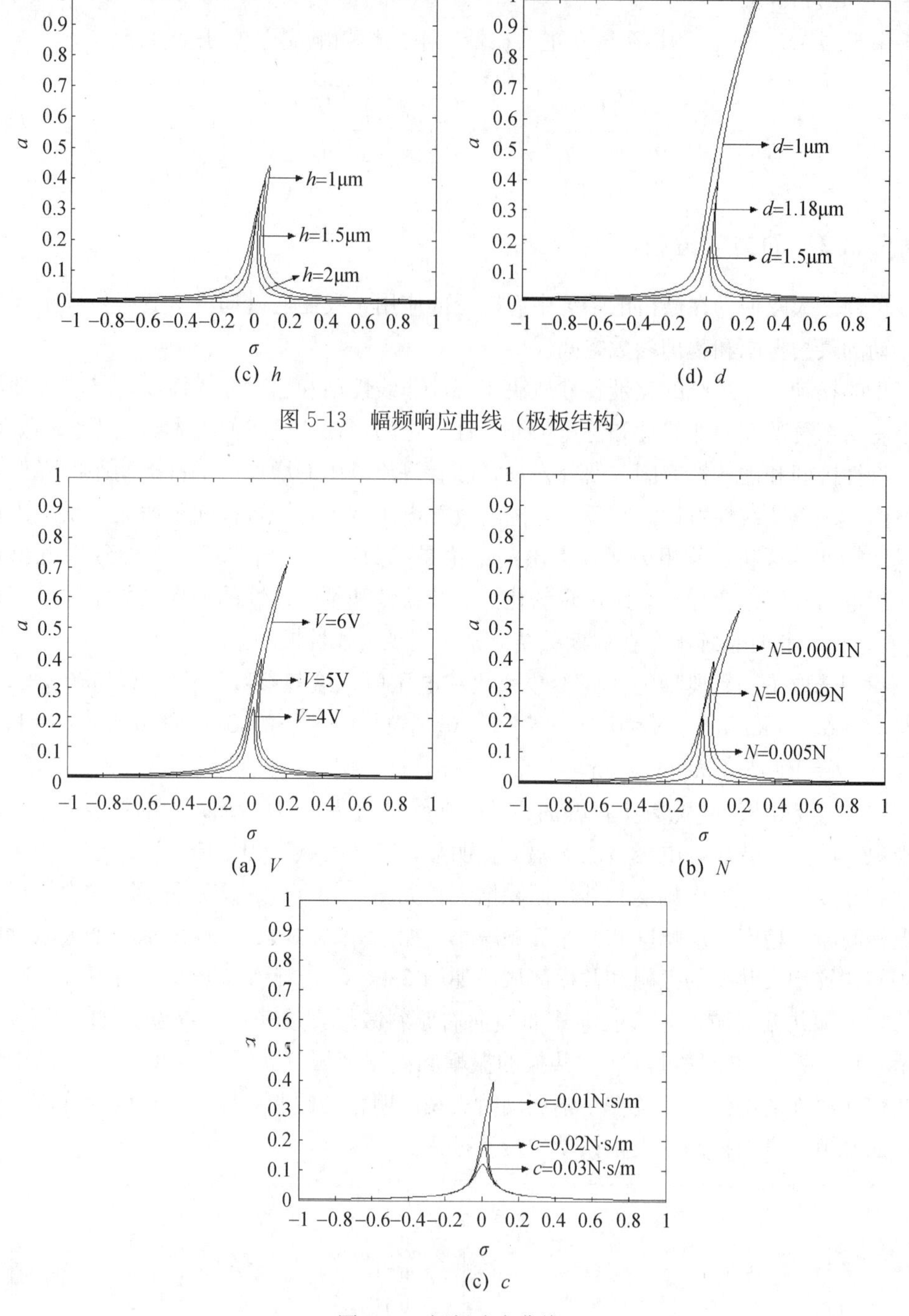

(c) h　　(d) d

图 5-13　幅频响应曲线（极板结构）

(a) V　　(b) N

(c) c

图 5-14　幅频响应曲线

图 5-15～图 5-19 是三种不同调谐值时对应系统振幅随参数变化的响应曲线，曲线出现“跳跃”现象。我们可以看到，减少电极板的间距，振幅逐渐增大，如图 5-15 所示。随着激励电压的增大，振幅逐渐增大，如图 5-16 所示。极板厚度和振幅的响应曲线，随着厚度的增大，共振的振幅减小，且曲线出现多次“跳跃”现象，如图 5-17 所示。如图 5-18 和图 5-19 所示，极板长度和宽度与振幅的响应曲线，随着长度和宽度的增大，共振

的振幅增大。如果改变调谐参数，可能会出现图 5-13 和图 5-14 所对应的“多值”现象。

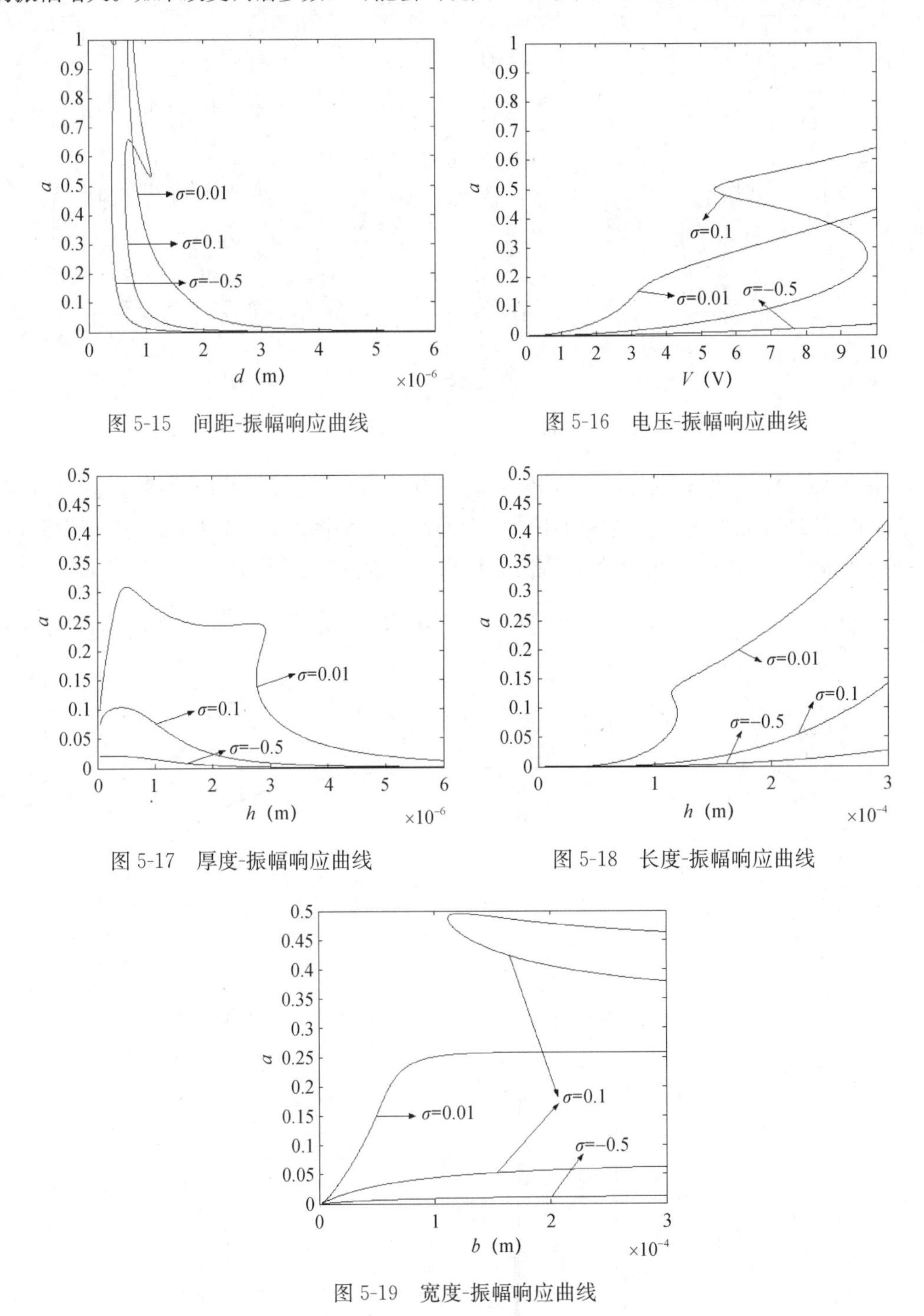

图 5-15　间距-振幅响应曲线

图 5-16　电压-振幅响应曲线

图 5-17　厚度-振幅响应曲线

图 5-18　长度-振幅响应曲线

图 5-19　宽度-振幅响应曲线

图 5-20 是极板的振幅随时间变化的曲线，改变参数值，系统的振幅也改变。调谐值增大，系统的振幅减小，如图 5-20（a）所示。激励电压的幅值增大，系统的振幅增大，如图 5-20（b）所示。这些参数是控制振幅的敏感参数，这为控制极板的振动提供了一个很有价值的参考依据。

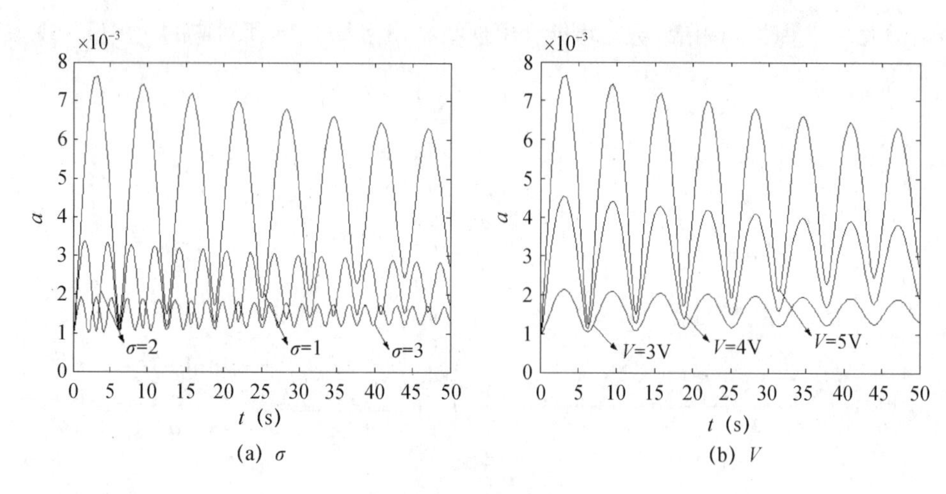

图 5-20　时间响应曲线

图 5-21～图 5-23 是系统的固有频率与系统参数有关的频率响应曲线。固有频率随极板间距的增大而增大，随励磁电压的增大而减小，如图 5-21 和图 5-22 所示。当轴向力为负值时，随着轴向力的增加，固有频率增大，如图 5-23 所示。

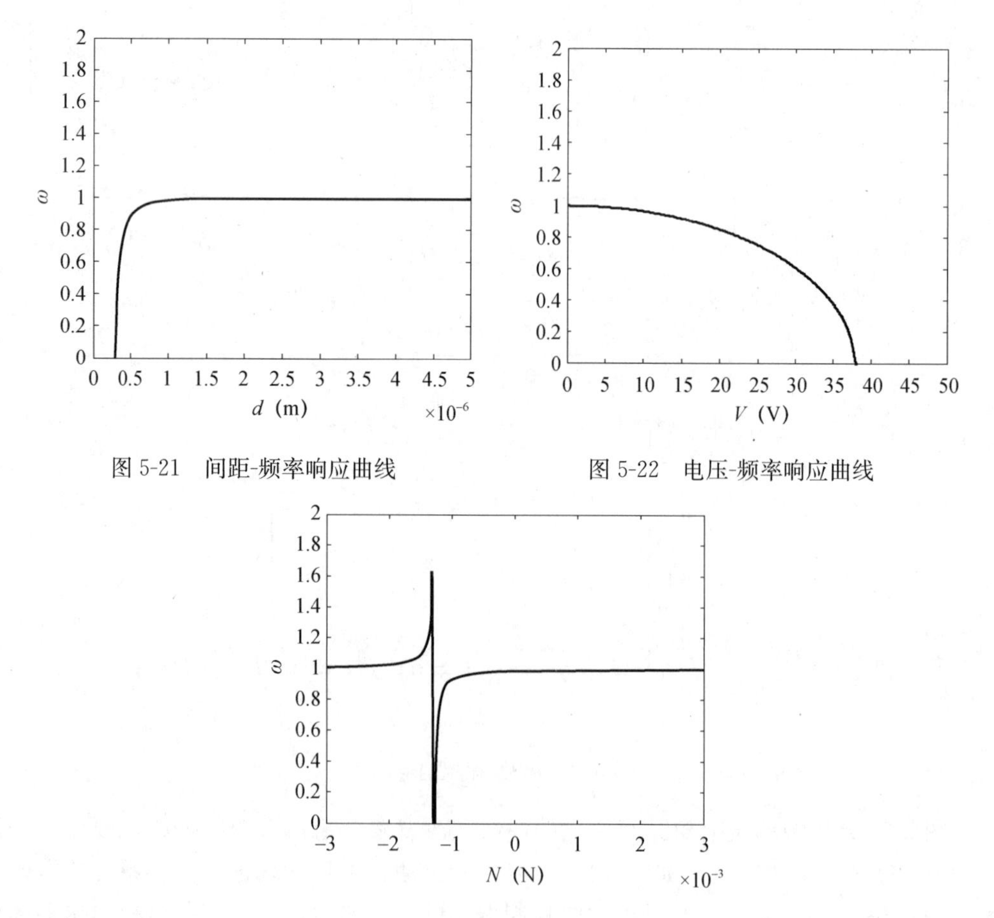

图 5-21　间距-频率响应曲线

图 5-22　电压-频率响应曲线

图 5-23　轴向力-频率响应曲线

系统存在固有的几何非线性和静电力非线性，随着振幅的增大，非线性项的影响逐渐增大，很难实现单稳态周期振动。

综上所述，几何非线性是影响单稳态大幅振动的关键所在，它决定了系统发生单稳态振动的直流电压和交流电压参数空间，以及系统的最大振幅。合理地降低系统的几何非线性，有利于实现系统的单稳态大幅振动，消除非线性动力系统的周期鞍结分岔，抑制跳跃不稳定现象，同时增加系统振动输出的能量。

当 $\bar{\omega}\approx\omega_0$ 时，能激起系统的振动，其幅频响应曲线具有"跳跃"现象。随着极板长度和激励电压的增大，共振幅度和共振区域增大，而随着阻尼和极板间距的增大，共振幅度和共振区域减小。随着极板长度的减小和励磁电压的增大，响应曲线变得灵活，固有频率随极板间距的增大而增大，随激励电压的增大而减小。可以通过选择合适的参数，将极板的主共振控制到理想状态，从而避免系统遭到破坏。

5.2.3 仿真模型的建立

由 5.1 节可以得到微梁单自由度系统的动力学方程，即式（5-41）

$$\ddot{u}+\eta_1\dot{u}+\omega_0^2u+2\eta_3\cos\bar{\omega}\tau\cdot u+(3\eta_3\cos\bar{\omega}\tau-3\eta_3)u^2$$
$$+(\eta_2-4\eta_3+4\eta_3\cos\bar{\omega}\tau)u^3=-\eta_3\cos\bar{\omega}\tau$$

取速度 $\dot{x}_2$ 和位移 x_1 为相互独立的两状态变量，$x_1=u$，可把式（5-41）转化为以下的一阶微分方程组

$$\begin{cases}\dot{x}_1=x_2\\ \dot{x}_2=-\eta_1\dot{x}_1-\omega_0^2x_1-2\eta_3\cos\bar{\omega}\tau\cdot x_1-(3\eta_3\cos\bar{\omega}\tau-3\eta_3)x_1^2-\\ \qquad(\eta_2-4\eta_3+4\eta_3\cos\bar{\omega}\tau)x_1^3-\eta_3\cos\bar{\omega}\tau\end{cases}\tag{5-64}$$

采用两个积分器的级联结构形式，在 Simulink 中调用相应功能模块进行参数设置和连线建模，得到如图 5-24 所示系统模型的基本结构形式。

基于 Matlab/Simulink 函数，选取两个积分器，建立式（5-64）的仿真模型，如图 5-24 所示。选择第三部分中的系统参数，并设初始状态为 x_1（0）＝0.001、x_2（0）＝0。在 Simulink 仿真参数菜单中，根据作用域模块，采用了带 ODE45 求解器的龙格库塔法。

为了定量求解，给各参数赋值：$E=190\text{GPa}$，$\nu=0.27$，$\rho=2300\text{kg/m}^3$，$\hat{N}=0.0009\text{N}$，$\hat{c}=0.01\text{N}\cdot\text{s/m}$，$\varepsilon_0=8.85\times10^{-12}$，$\varepsilon_r=1$，$l=210\mu\text{m}$，$b=100\mu\text{m}$，$h=1.5\mu\text{m}$，$d=1.18\mu\text{m}$，$V_0=5\text{V}$。

在 Simulink 的仿真参数选项菜单中选择龙格库塔算法进行数值模拟，通过 Scope 模块和 XY Graph 模块可以得到位移的时间曲线以及位移和速度的相图。

图 5-25 是关于相图和时间历程的主共振曲线。图 5-25（a）中，x 轴代表无量纲位移，y 轴代表无量纲速度。在图 5-25（b）中，x 轴代表无量纲时间，y 轴代表无量纲位移。从这些数据可以看出，微梁在放电状态下的主共振是稳定的。

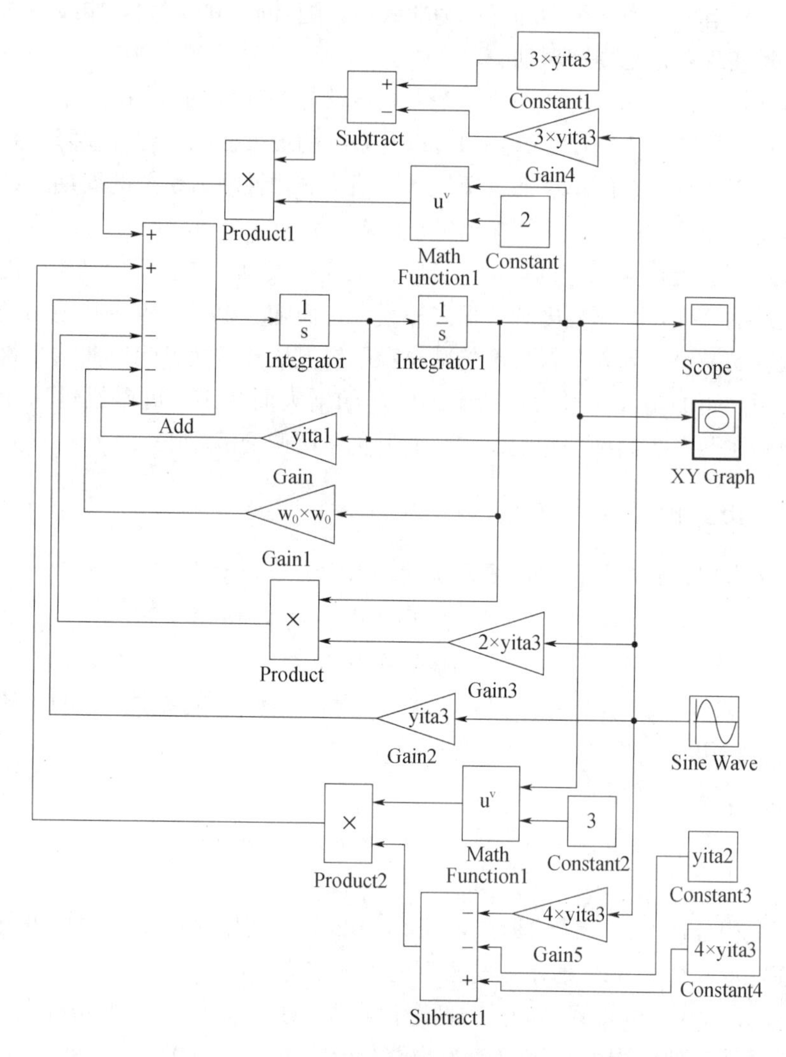

图 5-24 微梁系统结构框图

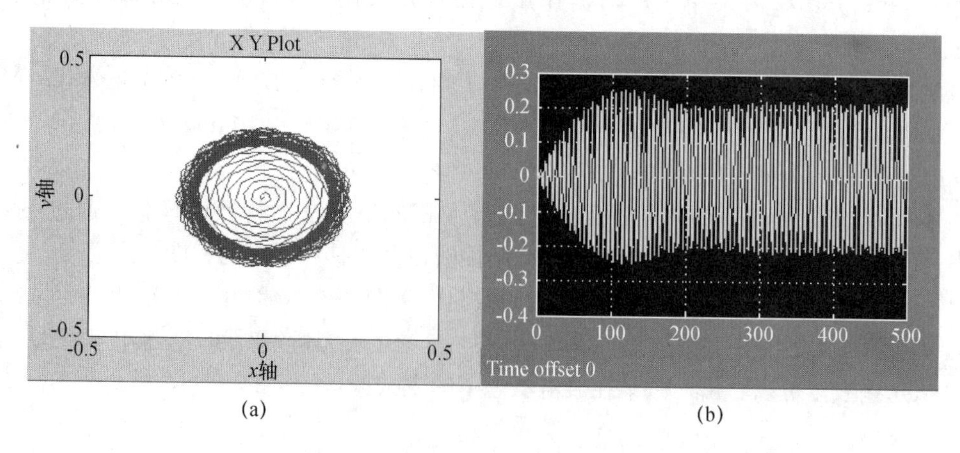

(a) (b)

图 5-25 相图和时间响应

5.3 RLC 电路与微梁系统的 1/3 次亚谐共振

受迫振动的固有频率与激励频率是整数倍关系时会产生共振，统称为次共振。产生上述 1/3 次亚谐共振的原因是 Duffing 系统具有立方非线性。若隔振系统具有弱非线性，尽管激励频率远高于系统固有频率，仍可能在隔振频段内发生亚谐共振，产生危险。避免上述危险是研究非线性振动的目的之一。

共振微梁（谐振器）已被广泛用作机械微传感器。微机电系统有多种驱动方式，其中静电驱动最为成熟。在微梁研究中，学者大多只使用简单的静电驱动电路，或只考虑静电力与结构变形的简单机电耦合，而忽略了其他重要因素。通过研究微机电系统的动力学，讨论微梁中存在的问题，建立耦合系统的振动方程，准确地反映了系统的微机电特性。本节研究了耦合 RLC 电路和微束系统在放电状态下的静电力非线性特性和 1/3 次亚谐共振。

由 5.2.1 推导的系统动力学方程即式（5-57）。

$$\ddot{u}+\omega_0^2u=\varepsilon[-\eta_1\dot{u}-2\eta_3\cos\bar{\omega}\tau\cdot u-(3\eta_3\cos\bar{\omega}\tau-3\eta_3)u^2-(\eta_2-4\eta_3+4\eta_3\cos\bar{\omega}\tau)u^3-\eta_3\cos\bar{\omega}\tau]$$

调节外激励的频率，使之与系统的 3 倍固有频率相接近，则频率满足关系

$$\bar{\omega}=3\omega_0+\varepsilon\sigma,\sigma=O(1) \tag{5-65}$$

将式（5-65）代入式（5-57），得到系统的方程为

$$\ddot{u}+\omega_0^2u+\varepsilon[\eta_1\dot{u}+2\eta_3\cos\bar{\omega}\tau\cdot u+(3\eta_3\cos\bar{\omega}\tau-3\eta_3)u^2+(\eta_2-4\eta_3+4\eta_3\cos\bar{\omega}\tau)u^3]=-\eta_3\cos\bar{\omega}\tau \tag{5-66}$$

根据多尺度法研究系统 RLC 电路与微梁耦合系统的 1/3 亚谐共振的一次近似解，采用两个时间尺度，设

$$u(\tau)=u_0(T_0,T_1)+\varepsilon u_1(T_0,T_1) \tag{5-67}$$

将式（5-67）代入式（5-66），比较 ε 同次幂的次数，得到一组线性偏微分方程

$$D_0^2u_0+\omega_0^2u_0=-\eta_3\cos(3\omega_0+\varepsilon\sigma)T_0 \tag{5-68}$$

$$D_0^2u_1+\omega_0^2u_1=-2D_0D_1u_0-\eta_1D_0u_0-[3\eta_3\cos(3\omega_0+\varepsilon\sigma)T_0-3\eta_3]u_0^2-2\eta_3\cos(3\omega_0+\varepsilon\sigma)T_0u_0-[\eta_2-4\eta_3+4\eta_3\cos(3\omega_0+\varepsilon\sigma)T_0]u_0^3 \tag{5-69}$$

式（5-68）的解为

$$u_0(T_0,T_1)=A(T_1)e^{j\omega_0T_0}+\bar{A}(T_1)e^{-j\omega_0T_0}+Be^{j(3\omega_0+\varepsilon\sigma)T_0}+\bar{B}e^{-j(3\omega_0+\varepsilon\sigma)T_0} \tag{5-70}$$

式中，$A(T_1)=\dfrac{a(T_1)}{2}e^{j\beta(T_1)}$，$\bar{A}(T_1)=\dfrac{a(T_1)}{2}e^{-j\beta(T_1)}$，$B=\dfrac{-\eta_3}{2(\omega_0^2-\bar{\omega}^2)}$。

将式（5-70）代入式（5-69），得到消除永年项的条件：

$$2j\omega_0D_1A+\eta_1\omega_0jA+\frac{3}{2}\eta_3\bar{A}^2e^{j\sigma T_1}+6AB\eta_3+6AB^2(\eta_2-4\eta_3)+3A^2\bar{A}(\eta_2-4\eta_3)+3\bar{A}^2B(\eta_2-4\eta_3)e^{j\sigma T_1}=0$$

将 $A(T_1)=\frac{a(T_1)}{2}e^{j\beta(T_1)}$、$\bar{A}(T_1)=\frac{a(T_1)}{2}e^{-j\beta(T_1)}$ 写成极坐标的形式，$B=\frac{-\eta_3}{2(\omega_0^2-\bar{\omega}^2)}$代入上式，通过分离虚部和实部，可以得到下列分岔方程式

$$
\begin{cases}
D_1 a=-\frac{\eta_1}{2}a-\left[\frac{3\eta_3}{8\omega_0}a^2+\frac{3B(\eta_2-4\eta_3)}{4\omega_0}a^2\right]\sin\varphi \\
\frac{1}{3}aD_1\varphi=\frac{\sigma a}{3}-\frac{3\eta_3 B}{\omega_0}a-\frac{3B^2(\eta_2-4\eta_3)}{\omega_0}a-\frac{3(\eta_2-4\eta_3)}{8\omega_0}a^3- \\
\qquad\left[\frac{3\eta_3}{8\omega_0}a^2+\frac{3B(\eta_2-4\eta_3)}{4\omega_0}a^2\right]\cos\varphi
\end{cases}
\tag{5-71}
$$

式中，$\varphi=\sigma T_1-3\beta$ 代表振动的初相位，a 代表振动的幅值。

由 $D_1 a=0$、$D_1\varphi=0$，可以得到系统在 1/3 次亚谐共振情况下的幅频响应方程，表示为

$$
\frac{\eta_1^2}{4}+\left[\frac{\sigma}{3}-\frac{3\eta_3 B}{\omega_0}-\frac{3B^2(\eta_2-4\eta_3)}{\omega_0}-\frac{3(\eta_2-4\eta_3)}{8\omega_0}a^2\right]^2=\left[\frac{3\eta_3}{8\omega_0}+\frac{3B(\eta_2-4\eta_3)}{4\omega_0}\right]^2 a^2
\tag{5-72}
$$

5.3.1 动力学分析

我们选取了一组典型的参数，给各参数赋值：$E=190\text{GPa}$，$\nu=0.27$，$\rho=2300\text{kg/m}^3$，$\hat{N}=0.0009\text{N}$，$\hat{c}=0.001\text{N}\cdot\text{s/m}$，$\varepsilon_r=1$，$\varepsilon_0=8.85\times10^{-12}$，$l=210\mu\text{m}$，$b=100\mu\text{m}$，$h=1.5\mu\text{m}$，$d=1.18\mu\text{m}$，$V_0=10\text{V}$。

由式（5-73）可以得到振幅和参数的响应曲线。

图 5-26 是 RLC 电路与微梁耦合系统的 1/3 次谐波共振的幅频响应曲线。随着参数的变化，电极板的振幅变化明显。增大极板长度，稳态响应幅度和共振面积增大，如图 5-26（a）所示。增大极板厚度，稳态响应幅度增大，共振面积减少，这说明共振幅值大了但共振的区域变小，如图 5-26（b）所示。增大极板宽度，稳态响应幅度减小，共振面积增大，这说明共振幅虽然小了但共振的区域却变大，如图 5-26（c）所示。极板间距越小，共振幅值和共振区域越大，如图 5-26（d）所示。

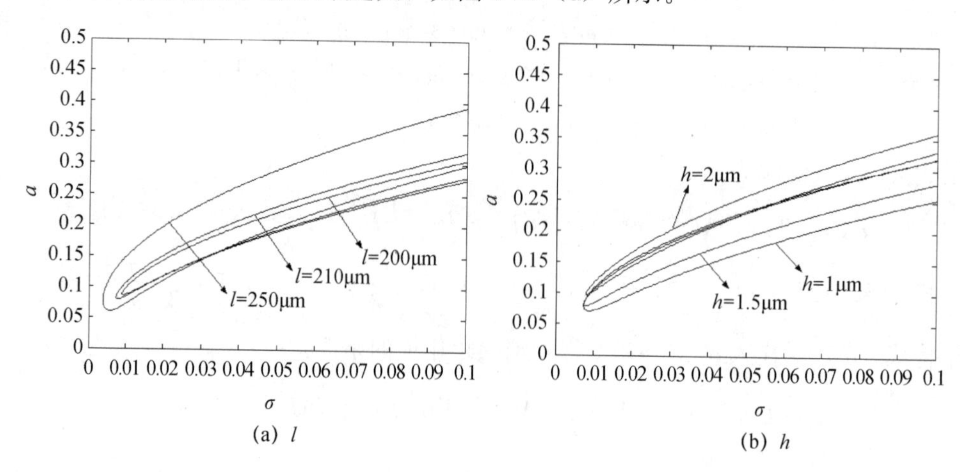

(a) l　　(b) h

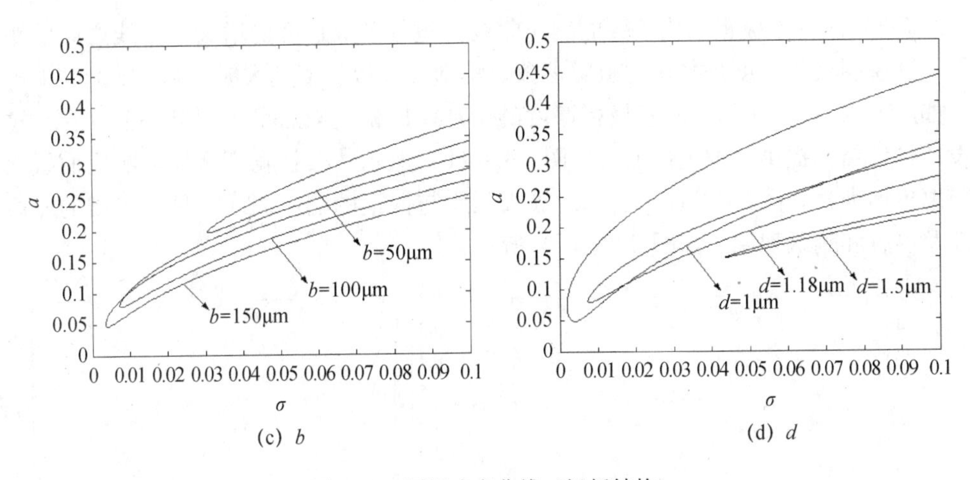

(c) b　　(d) d

图 5-26　幅频响应曲线（极板结构）

激励电压值增大，稳态响应幅度和共振面积都增大，如图 5-27（a）所示。板内的轴向力增加，稳态响应幅度增大，开口位置向上偏移，共振面积基本保持不变，如图 5-27（a）所示。增大阻尼值，稳态响应幅度和共振面积减小，如图 5-27（c）所示。随着电压和板内轴向力的增加，响应曲线偏离了图 5-27（a）和图 5-27（b）中的开口。

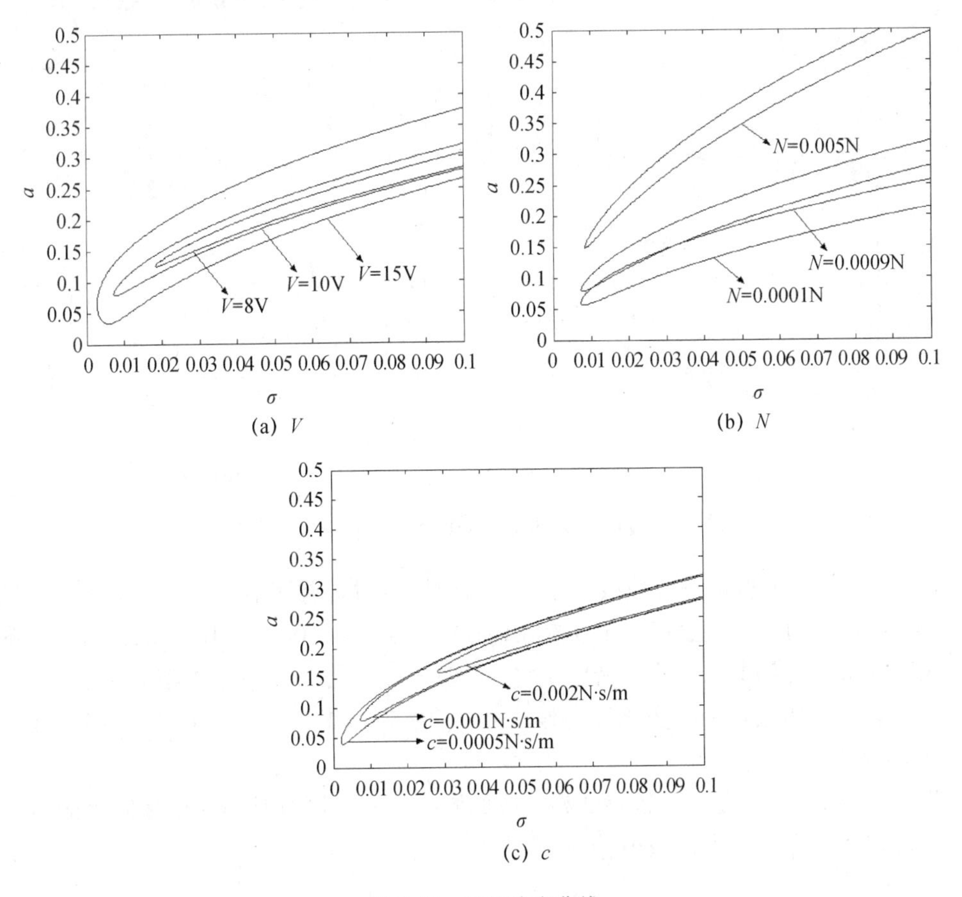

(a) V　　(b) N

(c) c

图 5-27　幅频响应曲线

图 5-28 是振幅-极板结构参数的响应曲线。随着极板长度的增大，曲线之间的距离变大，这说明极板长度是共振的敏感参数，特别是极板长度越大时，1/3 压谐共振越危险，如图 5-28（a）所示。随着极板厚度的增加，振幅先减后增，有极小值存在，这也为设计构件结构提供了理论依据，如图 5-28（b）所示。极板宽度增加，响应曲线之间的距离也增大，如图 5-28（c）所示。极板间距与振幅的响应曲线，具有丰富的非线性特性及多解和跳跃现象，如图 5-28（d）所示。

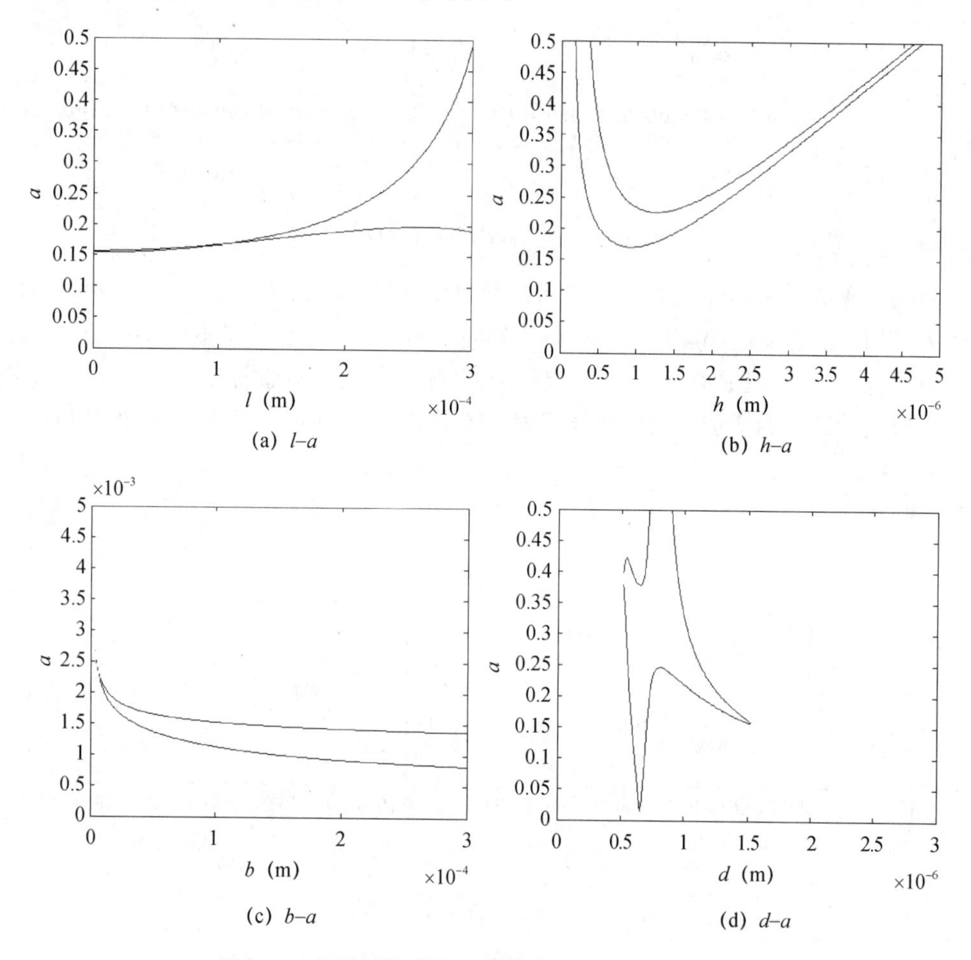

图 5-28　极板结构-振幅响应曲线（调谐值 σ=0.05）

图 5-29 为阻尼-振幅响应曲线。在其他参数固定时，调谐值 σ=0.05 是最大的阻尼值；当 σ<0.05 时，系统会产生 1/3 次亚谐共振；当 σ>0.05 时，RLC 电路与微梁系统不会发生 1/3 次亚谐共振。当调谐值 σ=0.05 时，激励电压与振幅的响应曲线如图 5-30 所示，激励电压增大，振幅变化很剧烈，上支曲线快速增大，这对 RLC 电路与微梁耦合系统很危险。

图 5-31 和图 5-32 是与系统参数相对应的固有频率。固有频率随极板间距的增大而增大，随励磁电压的增大而减小。

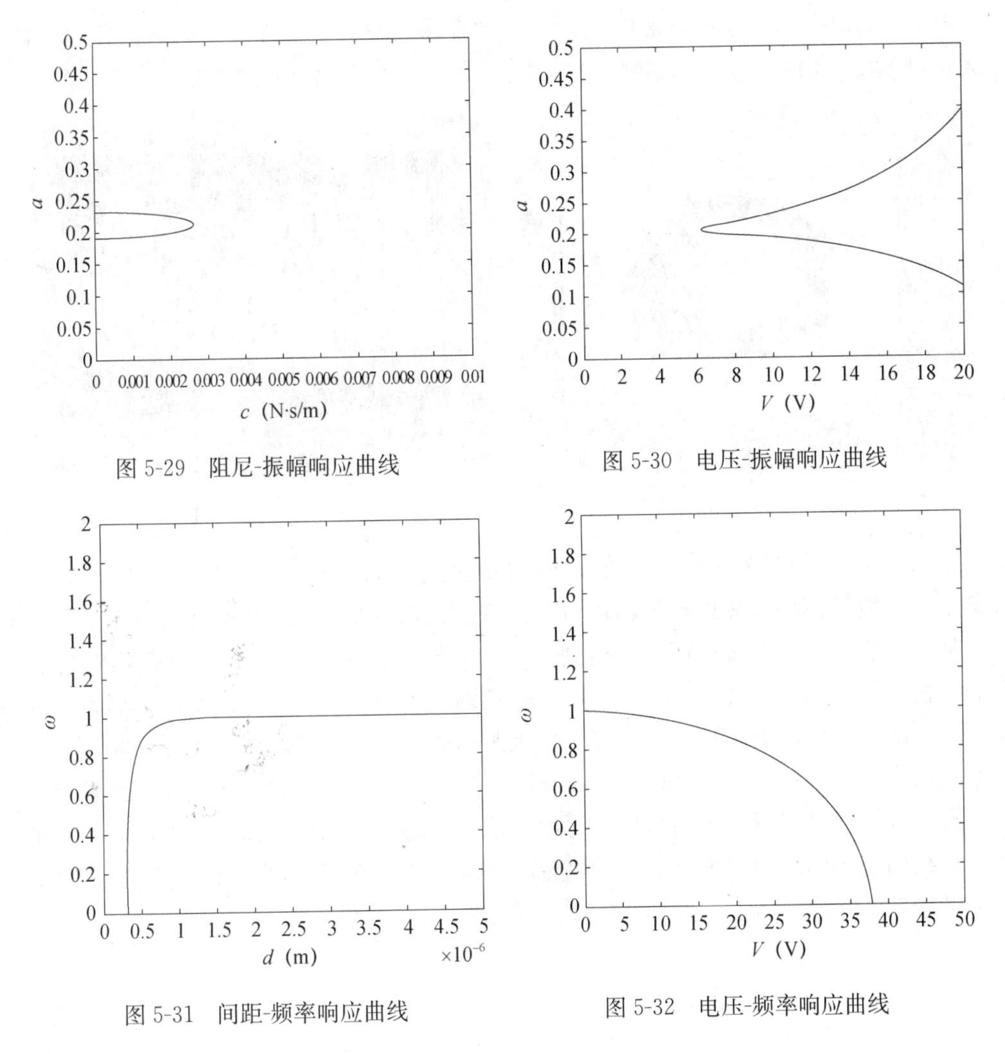

图 5-29　阻尼-振幅响应曲线

图 5-30　电压-振幅响应曲线

图 5-31　间距-频率响应曲线

图 5-32　电压-频率响应曲线

5.3.2　仿真模型分析

由 5.1 节可以得到微梁单自由度系统的动力学方程，取速度$\dot{x}_2$和位移 x_1 为相互独立的两状态变量，$x_1=u$，可把式（5-42）转化为以下的一阶微分方程组

$$\begin{cases}\dot{x}_1=x_2\\ \dot{x}_2=-\eta_1\dot{x}_1-\omega_0^2x_1-2\eta_3\cos\bar{\omega}\tau\cdot x_1-(3\eta_3\cos\bar{\omega}\tau-3\eta_3)x_1^2-(\eta_2-4\eta_3+4\eta_3\cos\bar{\omega}\tau)x_1^3-\\ \quad\eta_3\cos\bar{\omega}\tau\end{cases}$$

采用两个积分器的级联结构形式，在 Simulink 中调用相应功能模块进行参数设置和连线建模，得到如图 5-24 所示系统模型的基本结构形式。

基于 Matlab/Simulink 函数，并设初始状态为 x_1（0）$=0.001$、x_2（0）$=0$。为了定量求解，给各参数赋值：$E=190$GPa，$\nu=0.27$，$\rho=2300$kg/m³，$\hat{N}=0.0009$N，$\hat{c}=0.01$N·s/m，$\varepsilon_0=8.85\times10^{-12}$，$\varepsilon_r=1$，$l=210\mu$m，$b=100\mu$m，$h=1.5\mu$m，$d=1.18\mu$m，$V_0=5$V。

由以上分析结果可以得到：当 $\bar{\omega}\approx3\omega_0$ 时，能激起系统的振动。

图 5-33 和图 5-34 是相图和时间的 1/3 次亚谐共振，x 轴代表无量纲位移，y 轴代表无量纲速度。由图可知，微梁在放电状态下的 1/3 次亚谐共振是稳定的。

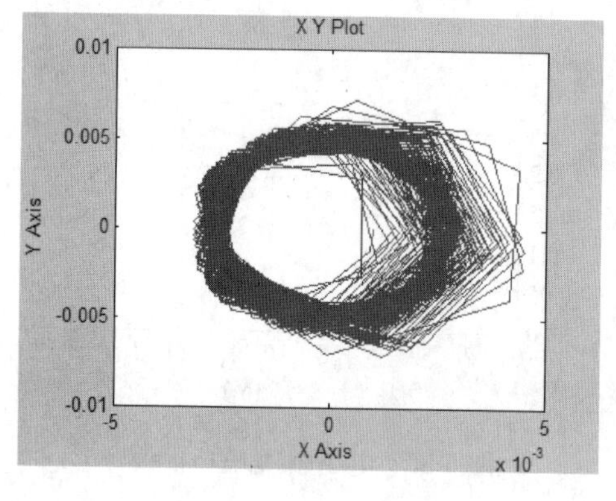

图 5-33　相图

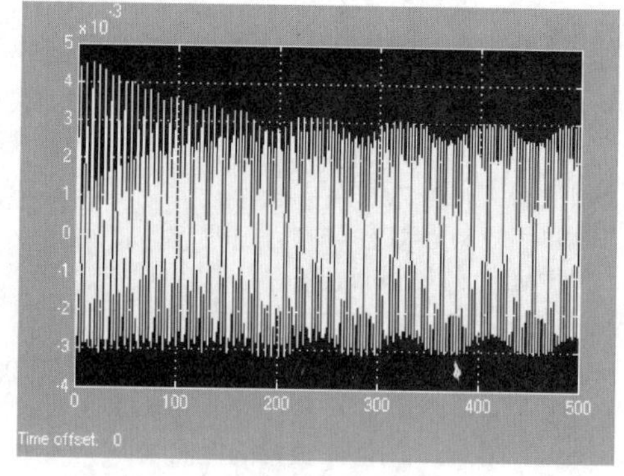

图 5-34　时间响应

总结：为了研究耦合 RLC 电路和微梁系统的非线性振动，建立了耦合 RLC 电路和微梁系统的数学模型，并根据拉格朗日-麦克斯韦方程导出了微束放电状态下的振动方程。基于非线性振动的多尺度法，得到了一阶共振系统的一阶近似解和相应的稳态解。数值分析结果表明，系统的振幅随电压和板长的增大而增大，随板距的增大或系统卸载而减小。随着电压或极板长度的增加，极板距离或系统卸载量的减小，幅频响应曲线的共振区域增大。利用 Matlab 软件的 Simulink 工具箱，对放电状态下一次谐振系统进行了动态仿真。通过对振动图的分析，得出系统稳定的结论。在微梁研究中，不仅考虑静电力与结构变形的简单机电耦合，也考虑了静电力的非线性特性，研究了耦合 RLC 电路和微梁系统在放电状态下的非线性动力学特性。

参考文献

[1] 李高峰. 非线性电容 RLC 串联电路的主共振研究 [J]. 计算物理，2014，31 (3)：351-356.

[2] 李高峰. 非线性电容 RLC 串联电路的 2 次超谐共振分析 [J]. 唐山学院学报，2018，31 (06)：1-4，32.

[3] Gao-feng Li. The third superharmonic resonance analysis of RLC circuit with sensor electronic components [C]. Advances in Engineering Research (AER)，volume 105，3rd Annual International Conference on Mechanics and Mechanical Engineering，MME 2016，China.

[4] 李高峰. 非线性电容 RLC 串联电路的 1/2 次亚谐共振分析 [J]. 电子器件，2014，37 (2)：249-253.

[5] 李高峰. 非线性电容 RLC 串联电路的 1/3 亚谐共振 [J]. 河北大学学报（自然科学版)，2015，35 (1)：107-112.

[6] Zhi-An Yang，Yihui Cui，Gao-Feng Li. Primary resonance of coupled RLC circuit and spring system with internal resonance considering inductance nonlinearity [C]. The Ninth International Conference on Electronic Measurement & Instruments (ICEMI'2009)，Beijing：1-391-1-395.

[7] Zhi-An Yang，Shang-Shuai Jia，Gao-Feng Li. Primary resonance and simulation of coupled circuit and microbeam system [C]. Internatin Conference on Measuring Technology and Mechatronics Automation，Changcha，2010.

[8] Zhi-An Yang，Shang-Shuai Jia，Gao-Feng Li. Simulation of coupled series circuit and microbeam system [C]. The 2010 Internatin Conference on Computer Application and System Modling (ICCASM'2010)，Taiyuan，2010.

[9] Zhi-An Yang，Xin-Tong Cheng，Gao-Feng Li. The third superharmonic resonance of diesel shafting subjected to harmonic moment excitation [J] Advanced Science Letters，2011 (4)：2356-2360.

[10] 李高峰. 环境温度变化时受简谐激励的斜梁主共振 [J]. 辽宁工程技术大学学报（自然科学版)，2014，33 (09)：1264-1269.

[11] 李高峰. 温度场中简谐激励斜梁的 1/3 次亚谐共振分析 [J]. 噪声与振动控制，2013，33 (05)：30-35.

[12] 李高峰，杨志安，赵雪娟，王丽. 温度场中斜梁受简谐激励的主参数共振 [J]. 唐山学院学报，2011，24 (06)：9-12，16.

[13] Gao-Feng Li，Zhi-An Yang，Xiao-Yan Xi. The third superharmonic resonance of

inclined beam subjected to harmonic excitation in temperature field [C]. 2011 ICEMEIT.
[14] 李高峰，杨志安．皮带驱动机构非线性研究进展与机电耦联动力学模型 [J]. 河北理工学院学报，2006 (04)：107-113，118.
[15] 杨志安，李高峰．传送带系统主参数共振分析 [J]. 应用数学和力学，2009，30 (06)：701-712.
[16] 李高峰．黏弹性传动带系统 1/2 次亚谐-主参数共振分析 [J]. 机械传动，2015，39 (12)：149-152.
[17] 李高峰，杨志安．皮带驱动机构的 1/3 次亚谐共振分析 [J]. 机械强度，2008 (03)：371-375.
[18] Zhi-An Yang，Gao-Feng Li. The third superharmonic resonance of the belt driver mechanism [C]. ICOPE-2007：523-526 (EI，ISTP)，Hangzhou，2007.
[19] 杨志安，李高峰．皮带驱动机构的主共振近似解分析 [J]. 机械强度，2009，31 (05)：697-701.
[20] 李高峰．皮带驱动机构的强非线性振动研究 [J]. 机械传动，2014，38 (06)：23-25.
[21] 李高峰：皮带驱动机构非线性动力学研究 [D]. 唐山：河北理工大学，2007.
[22] Gao-Feng Li，Zhi-An Yang，Jing Xin. Research on electromechanical coupling and bending-torsion vibration of the belt driver mechanism [C]. Proceedings of the 29th Chinese Control Conference，Beijing University Press，2010：381-385.
[23] 李高峰．电机起动时皮带驱动机构的机电耦合振动分析 [J]. 机械传动，2015，39 (10)：113-116.
[24] 肖达川．线性与非线性电路 [M]. 北京：科学出版社，1992.
[25] 朱因远，周纪卿．非线性振动和运动稳定性 [M]. 西安：西安交通大学出版社，1992.
[26] 邱家俊．机电分析动力学 [M]. 2 版．北京：科学出版社，1992.
[27] 邱家俊．机电耦联动力系统非线性振动 [M]. 北京：科学出版社，1996.
[28] 孟光，张文明．微机电系统动力学 [M]. 北京：科学出版社，2008.
[29] 高世桥，刘海鹏．微机电系统力学 [M]. 北京：国防工业出版社，2008.
[30] 何广平，赵明，赵全亮，刘峰斌．动态微机电系统：理论与应用 [M]. 北京：科学出版社，2011.
[31] 冯南鹏．MEMS 微结构力学性能的尺度效应研究 [D]. 南京：南京理工大学，2009.
[32] 王炳雷．微结构尺寸效应研究及其应用 [D]. 济南：山东大学，2011.
[33] 鄢云．论微电子机械系统 MEMS [J]. 西安航空技术高等专科学校学报，2004，22 (3)：32-34.
[34] 徐清华．非线性电路分析 [M]. 北京：高等教育出版社，1992.
[35] 胡雪梅，王宏颖．微电子机械系统的发展与应用 [J]. 西安航空技术高等专科学校

学报，2006，24（3）：25-27.

[36] 刘广玉，樊尚春，周浩敏．微机械电子系统及其应用［M］. 北京：北京航空航天大学出版社，2003.

[37] 李德胜，王东红，孙金玮，等．MEMS 技术及其应用［M］. 哈尔滨：哈尔滨工业大学出版社，2002.

[38] Nayfeh A H，Mook D T. Nonlinear Oscillation［M］. New York：Wiley-interscience，1979.

[39] 梅涛，伍小平．微机电系统［M］. 北京：化学工业出版社，2003.

[40] 于凯．热弹耦合功能梯度圆板的热冲击屈曲［D］. 兰州：兰州理工大学，2016.

[41] 刘晓红．功能梯度微环板的非线性弯曲和后屈曲分析［D］. 北京：北京交通大学，2013.

[42] 沈桂芬，张宏庆，韩宇，等．微机电系统的研究与分析［J］. 传感技术学报，2004（1）：168-171.

[43] 杨红军，李刚炎．微机电系统的构成及其关键技术［J］. 机械，2005，32（1）：1-3.

[44] 向裕民．电容器极板的非线性振动［J］. 非线性动力学学报，1996，3（1）：67-72.

[45] 姚仲瑜．用拉格朗日方程研究 RLC 电路的暂态过程［J］. 广西大学学报，2001，26（2）：145-149.

[46] 詹士昌，梁方束．RLC 电路非线性现象产生机制的研究［J］. 杭州师范学院学报（自然科学版），2002，1（1）：31-33，38.

[47] M. I. Younis，A. H. Nayfeh. A study of the nonlinear response of a resonant microbeaam to an electric actuation［J］. Nonlinear Dynamics，2003，31：91-117.

[48] 杨庆怡，张卫平．RLC 电路非线性现象产生机制的研究［J］. 广西大学学报（自然科学版），2013，38（06）：1471-1475.

[49] 孙海宁．一个非线性电路的梅尔尼科夫方法分析［J］. 上海大学学报，2003，9（3）：232-237.

[50] Ali Oksasoglu. Dimitry vavriv interaction of low and high frequency oscillation in a nonlinear rlc circuit［J］. IEEE Transaction on Circuit and Systems-I：Fundamental Theory and Application，1994，41（10）：669- 672.

[51] S. K. Chaxravarthy. Nonlinear oscillations due to spurious energisition of transformers［J］. IEEE Proc-Electr. Power Appl，1998，145（6）：585-592.

[52] J. R. Marti，A. C. Soudack. Ferroresonance in AC power systems：fundamental solutions［J］. IEEE Proc. C，1991（138）：321-329.

[53] 王小艳．非线性 RLC 电路特性的数字仿真研究［J］. 高压电器，2001，37（6）：52-54.

[54] 黄偲，余顺争．非线性 RLC 电路的新解法及数值仿真［J］. 中山大学学报（自然科学版），2016，55（3）：83-88.

[55] 丁光涛．三种耦合 RLC 电路的 Lagrange 函数和 Hamilton 函数 [J]. 动力学与控制学报，2014，12（4）：304-308.

[56] 郭晓莹，杨靖，李建，卫栋．RLC 电路中类电磁感应透明现象的实验研究 [J]. 山西大学学报（自然科学版），2012，35（1）：68-74.

[57] 潘杰，刘晓文，陈桂真．RLC 电路并联谐振理论与仿真分析 [J]. 实验科学与技术，2016，14（5）：21-25.

[58] 邹海勇．基于 Simulink 的 RLC 电路分析与仿真 [J]. 赤峰学院学报（自然科学版），2009，25（12）：29-30.

[59] 常秀芳，李高．RLC-振荡电路中的数学模型 [J]. 山西大同大学学报（自然科学版），2009，25（1）：71-73.

[60] Blankenstein G. Geometric modeling of nonlinear RLC circuits [J]. IEEE Transactions on Circuits and Systems，Regular Papers，2005，52（2）：396-404.

[61] Chakravarthy S K. Nonlinear oscillations due to spurious energisation of transformers [J]. EE Proc. -Elect r. Power Appl.，1998，145（6）：585-592.

[62] Oksasoglu A，Vavriv D. Interaction of low and high frequency oscillation in a nonlinear RLC circuit [J]. IEEE Transaction on Circuit and Systems-I：Fundamental Theory and Application，1994，41（10）：669- 672.

[63] Homsup N，Homsup W. Unconstrained optimization method for finding dc operating points of RLC nonlinear circuits [A]. Modelling and Simulation（MS'99） [C]. Philadelphia PA ：IASTED，1999：606-607.

[64] Nana B，Yamgoue S B，Kemajou I.，et al. Dynamics of a RLC series circuit with hysteretic iron-core inductor [J]. Chaos，Solitons and Fractals，2018，106：184-192.

[65] Blankenstein G. Geometric modeling of nonlinear RLC circuits [J]. IEEE Transactions on Circuits and Systems. I：Regular Papers，2005，52（2）：396-404.

[66] Oksasoglu A，Vavriv D. Interaction of low and high frequency oscillation in a nonlinear RLC circuit [J]. IEEE Transaction on Circuit and Systems-I：Fundamental Theory and Application，1994，41（10）：669- 672.

[67] Zaitsev S，Shtempluck O，Buks E，et al. Nonlinear damping in a micromechanical oscillator [J]. Nonlinear Dynamics，2012，67（1）：859-883.

[68] Alcheikh N，Ramini A，Hafiz M，et al. Tunableclamped - guided arch resonators using electrostatically induced axial loads [J]. Micromachines，2017，8（1）：14.

[69] Kirkendall C R，Kwon J W. Multistable internal resonance in electroelastic crystals with nonlinearly coupled modes [J]. Scientific Reports，2016，6（1）：228.

[70] Schmid S，Senn P，Hierold C. Electrostatically actuated nonconductive polymer microresonators in gaseous and aqueous environment [J]. Sensors and Actuators A：Physical，2008，145-146，442-448.

[71] 杨志安，崔一辉．电感非线性 RLC 电路弹簧耦合系统 3 次超谐共振研究 [J]. 电子器件，2008，31 (3)：988-991.

[72] 杨志安，贾尚帅．RLC 串联电路与微梁耦合系统 1：2 内共振分析 [J]. 应用力学学报，2010，27 (1)：80-85，225.

[73] 杨志安，贾尚帅．RLC 串联电路与微梁耦合系统的吸合电压与电振荡 [J]. 应用力学学报，2010，27 (4)：721-726，850.

[74] 崔一辉，杨志安．RLC 电路弹簧耦合系统的级数解 [J]. 振动与冲击，2006，25 (4)：76-77，108.

[75] 杨志安，崔一辉．非线性电阻电感型 RLC 串联电路主共振分析 [J]. 天津大学学报，2007，40 (5)：579-583.

[76] 文成秀，赵常宽，闻邦椿．分段线性振动机械关于外激励频率的分岔与混沌 [J]. 东北大学学报，2001，22 (2)：200-202

[77] 李鸿光，闻邦椿．一类具有可动边界的机械振动系统的混沌行为 [J]. 东北大学学报，1999，20 (4)：376-379

[78] 牛武．基于非线性电阻的 RLC 混沌电路实验分析 [J]. 物理实验，2001，21 (11)：11-12.

[79] 孙海宁．一个非线性电路的梅尔尼科夫方法分析 [J]. 上海大学学报，2003，9 (3)：232-237.

[80] O. N. Ashour，A. H. Nayfeh. Adaptivecontrol of flexible structures using a nonlinear vibration absorber [J]. Nonlinear Dynamics，2002 (28)：309-322.

[81] Bappaditya Banerjee，Anil K. Bajaj，Patricia Davies. Resonant dynamics of an autoparametric system：a study using higher-order averaging [J]. Nonlinear Mechanics，1996，31 (1) .

[82] A. Hartung，H. Schmieg，P. Vielsack. Passivevibration absorber with dry friction [J]. Archive of Applied Mechanics . 2001 (71)：463-472.

[83] S. S. Oueini，A. H. Nayfeh，J. R. Pratt. Anonlinear vibration absorber for flexible structures [J]. Nonlin. Dyn，1998 (15)：259-282.

[84] S. S. Oueini，A. H. Nayfeh，J. R. Pratt. Areview of development and implementation of an active nonlinear vibration absorber [J]. Archive of Applied Mechanics，1999 (69)：585-620.

[85] Roberson R E. Synthesis of a non-linear vibration absorber [J]. Journal of the Franklin Institute，1952 (254)：205～220.

[86] Rice H J，Mccraith J R. Practical non-linear vibration absorber design [J]. Journal of Sound and Vibration，1987，116 (3)：545～559.

[87] Jordanov N，Cheshankov B I. Optimal design of linear and non-linear dynamic vibration absorber [J]. Journal of Sound and Vibration，1988，123 (1)：157～170.

[88] Ali Oksasoglu，Dimitry Vavriv. Interaction oflow-and high-frequency oscillations

in a nonlinear RLC circuit [J]. Fundamental Theory and Applications. 1994, 41 (10): 669-672.

[89] S. K. Chakravarthy. Nonlinear oscillations due to spurious energisation of transformers [J], IEEE Proc-Electr, Power Appl, 1998, 145 (6): 585-592.

[90] S. K. Chakravarthy, C. V. Nayar. Parallel (quasi-periodic) ferroresonant oscillations in electrical power systems [J]. Fundamental Theory and Applications. 1995, 42 (9): 530-534.

[91] S. K. Chakravarthy, C. V. Nayar. Frequency-locked and quasi-periodic (QP) oscillations in power systems [J]. IEEE Transations on Power Delivery, 1998, 13 (2): 560-569.

[92] C. Kieny. Application of the bifurcation theory in studying and understangding the global behaviour of a ferroresonant electric power circuit [J]. IEEE Trans on PWRD, 1991 (2): 866-872.

[93] P. Bornard, V. Collet Billon, C. Kieny. Protection of EHV power systems against ferroresonance [J]. CIGRE Paper, 1990 (8): 34-103.

[94] N. Germay, S. Mastero, J. Vroman. Review of ferroresonance phenomena in high voltage power system and presentation of a voltage transformer model for predetermining them [J]. CIGRE Paper, 1974 (22): 33-18.

[95] J. R. Marti, A. C. Soudack. Ferroresonance in power systems: fundamental solutions [J]. IEEE Proc. Pt-C, 1991: 321-329.

[96] A. E. A. Araujo, A. C. Soudack, J. R. Marti. Ferroresonance in power systems: chaotic behavior [J]. Proc IEEE Pt-C, 1993 (140) 237-240.

[97] A. Germond. Computation of ferroresonant overvoltages in actual power systems by Galerkin's method [J]. Presented at the PICA Conf. New Orleans, LA, 1975: 19-30.

[98] Muchnik, G. F., Domanin, M. G., Astakov, A. The apparatus offig-enbaum's universal theory for an oscillatory circuit with nonlinear capacitance [J]. Electr. Technol. USSR, 1987 (3): 34-39.

[99] J. R. Marti, A. C. Soudack. Ferroresonance in AC power systems: fundamental solutions [J]. IEEE Proc. Pt-C, 1991 (138): 321-329.

[100] 任立立，周波，相蓉．电磁式双凸极电机的非线性电感模型 [J]．南京航空航天大学学报，2003，35 (6)：634-638

[101] 王姮，张华．蔡氏电路及蔡氏振荡器中非线性电阻实现的研究 [J]．西南工学院学报，2000，15 (3)：11-16

[102] 刘利琴，吴志强，陈予恕．一种微静电开关系统的非线性动力学 [J]．非线性动力学学报，2002，9 (3-4)：132-139.

[103] 王超，郭早阳．微机电系统应用中的非线性力学问题分析 [J]．机电工程技术，2005，34 (8)：18-19.

[104] 黄昕，刘青林，崔升．电场中微梁结构的建模与分析 [J]. 复旦学报（自然科学版），2004，43（3）：419-421.

[105] 梅涛，孔德义，张培强，等．微电子机械系统的力学特性与尺度效应 [J]. 机械强度，2001，23（4）：373-379.

[106] Younis M I，Nayfeh A H. A study of the nonlinear response of a resonant microbeam to an electric actuation [J]. Nonlinear Dynamics，2003（31）：91-117.

[107] Jazar G N. Mathematical modeling and simulation of thermal effects in flexural microcantilever resonator dynamics [J]. Joural of Vibration and Control，2006，12（2）：139-163.

[108] 王洪喜，贾建援，樊康旗．静电力作用下微梁变形分析与计算 [J]. 机械科学与技术，2005，24（4）：420-422.

[109] 吕胜利，韩永志．MEMS 器件建模与仿真分析方法研究 [J]. 机械强度，2005，27（4）：480-483.

[110] Parashar S K，Wagner U V. Nonlinear longitudinal vibrations of transversally polarized piezoceramics：experiments and modeling [J]. Nonlinear Dynamics，2004（37）：51-73.

[111] Parashar S K，Gupta A D，Wagner U V，Hagedorn P. Non-linear shear vibrations of piezoceramic actuators [J]. International Journal of Non-linear Mechanics，2005（40）：429-443.

[112] Sato M，Hubbard B E，Sievers A J. Nonlinear energy lacalization and its manipulation in micromechanical oscillator arrays [J]. Review of Modern Physics，2006（78）.

[113] Fang H B，Liu J Q，Xu Z Y. A mems-based piezoelectric power generator for low frequency vibration energy harvesting [J]. Chin Phys Lett，2006，23（3）：732.

[114] Zhang L X，Yu T X，Zhao Y P. Numerical analysis of theoretical model of the rf mems switches [J]. Acta Mechanica，2004，20（2）.

[115] Zhang K，Cui Y J，Xiong C Y. Electro-mechanical coupling analysis of mems structures by boundary element method [J]. Acta Mechanica，2004，20（2）.

[116] Shafic S O，Nayfeh A H，Pratt J. A nonlinear vibration absorber for flexible structures [J]. Nonlinear Dynamics，1998，15：259-282.

[117] Chang S I，Bajaj A K，Krousgrill C M. Non-Linear vibrations and chaos in harmonically excited rectangular plates with one-to-one internal resonance [J]. Nonlinear Dynamics，1993，4：433-460.

[118] Abe A，Kobayashi Y，Yamada G. Two-mode response of simply supported rectangular laminated plates [J]. Non-Linear Mechanics，1998，33（4）：675-690.

[119] Ashour O N，Nayfeh A H. Adaptive control of flexible structures using a nonlin-

ear vibration absorber [J]. Nonlinear Dynamics，2002，28：309-322.

[120] Fujino Y，Warnitchai P，Pacheco B M. An experimental and analytical study of autoparametric resonance in a 3d of model of cable-stayed-beam [J]. Nonlinear Dynamics，1993 (4)：111-138.

[121] Tadjbakhsh I G，Yi-ming W. Wind-driven nonlinear oscillations of cables [J]. Nonlinear Dynamics，1990，1：265-297.

[122] Ashour O N，Nayfeh A H. Experimental and numerical analysis of a nonlinear vibration absorber for the control of plate vibrations [J]. Journal of Vibration and Control，2003 (9)：209-234.

[123] Mohammad S，Mehrdaad G. Control of a nonlinear system using the staturation phenomenon [J]. Nonlinear Dynamics，2005 (42)：113-136.

[124] 吕胜利，韩永志 . MEMS 器件建模与方针分析方法研究 [J]. 机械强度，2005，27 (4)：480-483.

[125] 衣克洪，谢友宝，李尧忠 . 静电 MEMS 器件的力电耦合分析与模拟 [J]. 航空精密制造技术，2005，41 (5)：39-41.

[126] 胡宇达，白象忠 . 圆柱壳体的非线性磁弹性振动问题 [J]. 工程力学，2000，17 (1)：35-40.

[127] 陈德勇，崔大付，王利 . 微机械 SiN 梁非线性振动特性研究 [J]. 压电与声光，2001 增刊：256-258.

[128] 马海洋，王艳华，王明亮，等 . 光开关中静电驱动微悬臂梁耦合分析 [J]. 光学仪器，2003，25 (3)：17-20.

[129] 林忠华，胡国清，刘文艳 . 微机电系统的研究与展望 [J]. 微电子学，2005，35 (1)：71-75.

[130] 王洪喜 . 微结构的静电驱动特性研究 [D]. 西安：西安交通大学，2006.